ドリルと演習シリーズ

流体力学

植田芳昭・加藤健司・中嶋智也
脇本辰郎・荒賀浩一・井口　學　著

電 気 書 院

はじめに

　本書は，前著「ドリルと演習シリーズ　水力学」（電気書院）の後続書で，流体力学の問題を扱う演習書である．水力学では，静水圧，エネルギー保存則（ベルヌーイの式），運動量の法則ならびに管摩擦損失といった，工学の基礎となる原理を学んだ．それらの理解には，ごく一部を除き高校で学ぶ力学と数学の知識で十分であり，高度な数学等の技巧を要するものではなかった．もし大学生諸君の中で，水力学が難しいと感じられる方がおられたなら，高校レベルの力学ならびに数学の内容を十分理解しているかどうか，よく自己点検をしてほしい．学問に限らず，現在の自分の力量やレベルを正確に自己評価するのは極めて大切なことであり，人が成長するためには避けることのできない作業である．

　水力学は，例えば管内を流体が流れるとき，曲がり部に作用する力や，ある流量を流すために必要なポンプ動力など，現場の設計に必要な公式や考え方を扱うものである．一方，本書で扱う流体力学はよりサイエンスの色合いが強く，流れ自体を基本的な原理から厳密に解析することを目的としたものである．解析には微分方程式，偏微分や重積分，ベクトルとテンソル，複素関数などの知識が必要になる．学生諸君の中には数学に対して苦手意識を持つ人が多いと思うが，それは昔も今も変わらず，筆者もまったく同様であった．しかしながら，実際に流体力学を学ぶと，それほど高度な数学の知識は必要でないことに気づく．数学について誤解を恐れずに言えば，我々工学を専攻するものにとってそれは一種の道具であり，パソコンと同様，使いこなせばこの上なく便利なものであることに気づくものである．筆者からのお願いとして，学生諸君には，数学アレルギーのため，せっかくの知識習得の機会を失ってしまうことだけは何としても避けてほしい．年配の人が携帯電話やパソコンを，そんな面倒なものは使いたくない，といって食わず嫌いになるのはありがちなことであるが，それらを使いこなしている諸君から見れば，なんともったいないときっと思うに違いない．数学も同じで，あえて言えば定理やその証明は忘れても，大学1年の数学の演習問題が解ける程度の力は，なんとしても身につけてほしい．本書でも数学的な表現が随所に現れるが，一部を除きそれらは決して高度なものではなく，高校数学の延長で理解できる程度である．逆に言えば，本書の問題を解くことで，大学初年次レベルの数学力をチェックすることができる．

　本書は，流体力学で扱う基本的な課題について，著者らが講義で扱っている演習問題を元に編集を行ったものである．一部水力学で扱った課題も含まれており，平易な問題から難問まで，前著よりも難易度にバラエティがあるのが特徴である．前著と同様，各問題には難易度に応じて1から4の番号が施してある．1，2は基本的な問題で，3，4は難易度の高い問題である．学生諸君には難易度1は必ずクリアしていただき，2の大半も理解してもらいたい．難易度が高く，もし理解しがたい問題があれば，他の流体力学の教科書をみたり，先生に質問したりするなど，ぜひ理解に向けたチャレンジをしてほしい．何よりその姿勢が諸君の力をつける源泉になることは間違いない．時間をかけて課題に取り組めるのは学生時代の特権であり，本書の問題を通じ，長い人生で必要となる自己の力を少しでも高めていただくことができれば，著者一同この上ない喜びである．

　最後になりましたが，本書を完成するにあたり，電気書院　近藤知之様には，著者のわがままを受け止め，辛抱強く編集，校正を行っていただいた．著者一同深く感謝いたします．

目　　次

1 流体の運動と力 1.1 流体運動の記述

3次元流れの加速度が理解できる.

1.1.1 流れの記述法

オイラーの方法：速度や圧力などの物理量で示された空間（場という）が時間的にどう変化するかを調べて流体の運動を表す方法.

ラグランジュの方法：個々の流体粒子の物理量が時間的とともにどのように変化するのかを追いかけることで流体の運動を表す方法.

1.1.2 定常と非定常

定常流れとは時間的に変化しない流れ，非定常とは時間的に変化する流れのことをいう．あくまで時間的な変化の有無についての定義であり，空間的変化については無関係である.

1.1.3 流体の加速度

オイラーの方法から流体の加速度を考える．この場合，一般的な質点系の加速度とは異なり，時間的な加速度だけではなく，空間的な加速度を考慮する必要がある．3次元流れの場合，x 方向，y 方向および z 方向の加速度 α_x, α_y, α_z は，速度成分 u, v, w を (x, y, z, t) まわりでテイラー展開することにより以下の式で表される.

$$\alpha_x = \frac{\partial u}{\partial t} + u\frac{\partial u}{\partial x} + v\frac{\partial u}{\partial y} + w\frac{\partial u}{\partial z}$$

$$\alpha_y = \frac{\partial v}{\partial t} + u\frac{\partial v}{\partial x} + v\frac{\partial v}{\partial y} + w\frac{\partial v}{\partial z}$$

$$\alpha_z = \frac{\partial w}{\partial t} + u\frac{\partial w}{\partial x} + v\frac{\partial w}{\partial y} + w\frac{\partial w}{\partial z}$$

非定常項 　　　　　　対流項

なお，これらの微分を物質微分ともいう．また，この加速度を微分演算子を用いて，以下のように表せる.

微分演算子

$$\frac{\mathrm{D}}{\mathrm{D}t} = \frac{\partial}{\partial t} + u\frac{\partial}{\partial x} + v\frac{\partial}{\partial y} + w\frac{\partial}{\partial z}$$

加速度

$$\frac{\mathrm{D}u}{\mathrm{D}t} = \alpha_x, \quad \frac{\mathrm{D}v}{\mathrm{D}t} = \alpha_y, \quad \frac{\mathrm{D}w}{\mathrm{D}t} = \alpha_z$$

[例題] **1.1**　3 次元 xyz 座標系において，座標と時間 t に依存する関数 $f(t, x, y, z)$ が $f = \mathrm{e}^{2t} + 5x^3 - 4\cos x \sin y$ で与えられる．以下の微分を計算せよ．

(1) $\dfrac{\partial f}{\partial t}$　(2) $f\dfrac{\partial f}{\partial y}$　(3) $\dfrac{\partial f}{\partial x} + \dfrac{\partial f}{\partial y}$　(4) $\dfrac{\partial^2 f}{\partial x^2} + \dfrac{\partial^2 f}{\partial y^2}$

[解答]

(1) $\dfrac{\partial f}{\partial t} = 2\mathrm{e}^{2t}$

(2) $f\dfrac{\partial f}{\partial y} = -4\cos x \cos y(\mathrm{e}^{2t} + 5x^3 - 4\cos x \sin y)$

(3) $\dfrac{\partial f}{\partial x} + \dfrac{\partial f}{\partial y} = 15x^2 - 4(\cos x \cos y - \sin x \sin y) = 15x^2 - 4\cos(x + y)$

(4) $\dfrac{\partial^2 f}{\partial x^2} + \dfrac{\partial^2 f}{\partial y^2} = 30x + 8\cos x \sin y$

[例題] **1.2**　x に関する関数 $y = f(x)$ について，次の微分方程式を解け．

(1) $\dfrac{\mathrm{d}y}{\mathrm{d}x} = \dfrac{y}{x}$　(2) $\dfrac{\mathrm{d}y}{\mathrm{d}x} = xy$　(3) $\dfrac{\mathrm{d}y}{\mathrm{d}x} = \dfrac{x^2 y}{x^3 + 1}$

[解答]

(1) $\dfrac{\mathrm{d}y}{\mathrm{d}x} = \dfrac{y}{x}$

$\dfrac{\mathrm{d}y}{y} = \dfrac{\mathrm{d}x}{x}$

$\log|x| = \log|y| + c$

$y = c'x$　(c, c' は任意定数，$\log$ は自然対数である)

(2) $\dfrac{\mathrm{d}y}{\mathrm{d}x} = xy$

$\dfrac{1}{y}\mathrm{d}y = x\mathrm{d}x$

$\log|y| = \dfrac{1}{2}x^2 + c$

$y = c\mathrm{e}^{\frac{1}{2}x^2}$　(c は任意定数)

(3) $\dfrac{\mathrm{d}y}{\mathrm{d}x} = \dfrac{x^2 y}{x^3 + 1}$

$\dfrac{\mathrm{d}y}{y} = \dfrac{x^2}{x^3 + 1}\mathrm{d}x = \dfrac{1}{3}\dfrac{(x^3 + 1)'}{x^3 + 1}\mathrm{d}x$

$\log|y| = \dfrac{1}{3}\log|x^3 + 1| + c$

$y = c'(x^3 + 1)^{\frac{1}{3}}$　(c, c' は任意定数)

難易度
☆1

問題 1.1 変数を x とする関数 $f(x)$ の値が分かっている場合，x から Δx 離れたところでの関数 $f(x+\Delta x)$ の値は，次のテイラー展開で近似される．

$$f(x+\Delta x)=f(x)+f'(x)\Delta x+\frac{f''(x)}{2}(\Delta x)^2+\cdots+\frac{f^{(n)}(x)}{n!}(\Delta x)^n \tag{A}$$

式(A)を用いて，$f(x)=\sin x$ は原点 $x=0$ の近傍でどのような形(べき級数)で表現されるか．x^3 の項まで記述せよ．

☆1 **問題 1.2** 以下の問いにしたがって関数 $f(x)$ の近似値を求めよ．

(1) 関数 $f(x)$ をテイラー展開し，$f(a+\Delta a)$ の近似式を求めよ．その際，Δa の2乗の項まで展開し，$f(a+\Delta a)$ を $f(a)$，Δa および $f(a)$ の微分で表せ．

(2) 以下の3つの関数の値の近似値をテイラー展開で求めよ．1次項まで展開した近似値 f_1 と，2次項まで展開した近似値 f_2 を求めるとともに厳密な値 f_{ex} を関数電卓で計算せよ．f_1, f_2, f_{ex} を有効数字5桁まで求めて比較せよ．

(a) $\sin\left(\dfrac{3\pi}{10}\right)=\sin\left(\dfrac{\pi}{4}+\dfrac{\pi}{20}\right)$

(b) $\sin\left(\dfrac{27\pi}{100}\right)=\sin\left(\dfrac{\pi}{4}+\dfrac{\pi}{50}\right)$

(c) $1100^{\frac{1}{3}}=(1000+100)^{\frac{1}{3}}$

☆2　　**問題 1.3**　　一次元の流体の運動を考える．オイラー式の記述では，流体の速度 u は位置 x と時間 t の関数 $u \equiv u(x ; t)$ として与えられる．一方，ラグランジュ式の記述では，流体粒子の速度 u は $u(x_0 ; t)$ である（ただし，$t=0$ における流体粒子の位置 x を $x=x_0$ とする）．その際，ラグランジュ微分（物質微分ともいう）$\dfrac{Du}{Dt}$ をオイラー式の記述と結びつけよ．

☆2　　**問題 1.4**　　非粘性流体が演図 1.1 に示すような拡がりノズルの中を流れている．いま，次の条件のもとで 1 次元の加速度の項のうち，非定常項 $\left(\dfrac{\partial u}{\partial t}\right)$ と対流項 $\left(u\dfrac{\partial u}{\partial x}\right)$ が，負，0 および正のいずれの値をとるか答えよ．

　　(1) 流路へ常に一定の速度で流れ込んでいる場合
　　(2) 入口の流入速度がだんだんと大きくなる場合

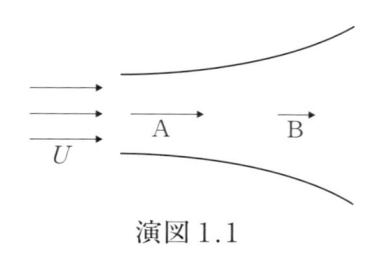

演図 1.1

問題 **1.5** 原点をのぞいて速度が $u = \dfrac{x}{x^2+y^2}$, $v = \dfrac{y}{x^2+y^2}$ で与えている流れ場がある．この流体の x 方向の加速度 α_x および y 方向の加速度 α_y を求めよ．

問題 **1.6** 2次元の流れ場があり，x_1 方向に一定速度 u_1，x_2 方向に一定速度 u_2 で流れている．この流れには温度分布 T があり，これを時刻 t と座標 x_1, x_2 を用いて $T(t, x_1, x_2)$ と表す．また，時刻 $t=0$ における温度分布 $T_0(x_1, x_2)(=T(0, x_1, x_2))$ が正の定数 a, b を用いて，$ax_1{}^2+bx_2{}^2$ で表されるものとする．以下の問い(1)〜(5)に答えよ．

(1) 温度分布が時間的に変化しない場合，任意の時刻 t における温度分布は $T=T_a(t, x_1, x_2)=ax_1{}^2+bx_2{}^2$ と表すことができる．この時の T_a の物質微分 $\dfrac{\mathrm{D}T_a}{\mathrm{D}t}$ を計算せよ．

(2) 温度が時間に比例して上昇するとすると，時刻 t における温度は正の比例定数 c を用いて $T=T_b(t, x_1, x_2)=ct+ax_1{}^2+bx_2{}^2$ と表される．このときの $\dfrac{\mathrm{D}T_b}{\mathrm{D}t}$ を計算せよ．

(3) 初期の温度分布 $T_0(x_1, x_2)$ が流れと同じ速度 $u(u_1, u_2)$ で移動するとして，任意の時刻 t における温度分布 $T=T_c(t, x_1, x_2)$ を求めよ．

(4) 設問(3)で求めた温度分布 $T_c(t, x_1, x_2)$ を用いて，$\dfrac{\mathrm{D}T_c}{\mathrm{D}t}$ を計算せよ．

(5) 流れとともに移動する液体粒子を追跡して液体粒子の温度変化を調べたとき，温度変化があるのは T_a, T_b, T_c のいずれの温度分布の場合か，理由を含めて答えよ．

☆2 　**問題 1.7**　演図 1.2 のように，紙面に垂直方向に無限の幅をもつ 2 枚の曲がり板の間の定常流れを考える．ただし，流れの方向を x 軸にとり，2 枚の板の間隔は $h(x)=\dfrac{1}{x^2+1}$ であり，体積流量は各断面で一定とする．時刻 $t=0$ において，板間の中心軸上の原点 $x=0$ に存在し，x 方向速度 u_0 をもつ流体粒子の x 方向の運動について，以下の問いに答えよ．

　　(1) 位置 x における速度 $u(x)$ は，$u(x)=u_0(1+x^2)$ となることを示せ．

　　(2) (1) で求めた $u(x)$ を用い，流体粒子の時刻 t における位置 $x(0:t)$ に関する微分方程式を求めよ．また，その解を利用して，x 方向の加速度が，$2xu_0u(x)$ となることを示せ．

　　(3) (2) で求めたラグランジュの方法による加速度が，オイラーの方法による加速度と等しくなることを確認せよ．

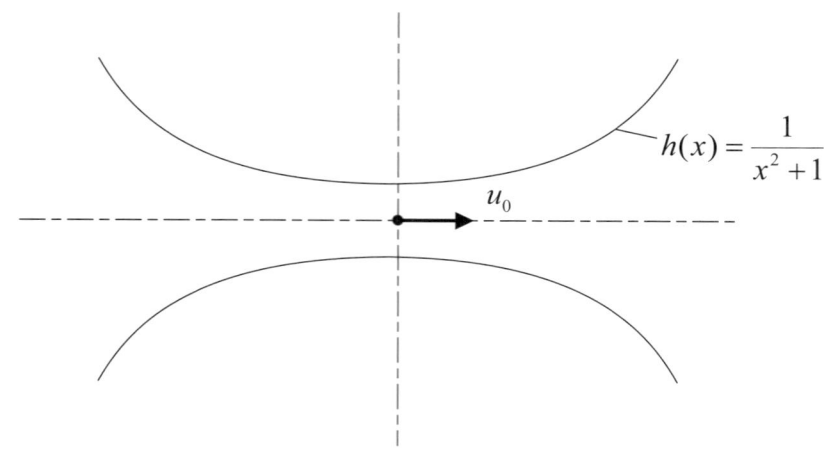

$$h(x)=\frac{1}{x^2+1}$$

$$u_0$$

演図 1.2　平板間を運動する流体粒子

☆1 　**問題 1.8**　2 次元の速度場が以下のような式で与えられているとき，渦度 ω を求めよ．ただし，ω は 1.2 節で詳しく説明するが，$\omega=\dfrac{\partial v}{\partial x}-\dfrac{\partial u}{\partial y}$ で与えられる．

　　(1) $u=-ay,\ v=ax$

　　(2) $u=ax+ay,\ v=cx+dy$

チェック項目		月　日	月　日
3 次元流れの加速度が理解できる．			

渦度ベクトル，渦度と循環の関係，流線の方程式について理解ができる.

1.2.1　渦度

渦度ベクトル $\vec{\omega}$ は，流体粒子の回転角速度の2倍の大きさを持ち，回転面の法線方向を向くベクトルである. $\vec{\omega}$ は，速度ベクトル $\vec{u} \equiv (u, v, w)$ の回転より以下のように表される.

$$\vec{\omega} = \mathrm{rot}\ \vec{u} = \left(\frac{\partial w}{\partial y} - \frac{\partial v}{\partial z},\ \frac{\partial u}{\partial z} - \frac{\partial w}{\partial x},\ \frac{\partial v}{\partial x} - \frac{\partial u}{\partial y} \right) \tag{A}$$

流体中に曲線を取り，曲線上の各点における流体の渦度ベクトルの方向が，その位置での曲線の接線の方向と一致するとき，この曲線を渦線という. また，流体中に一つの閉曲線を取り，周上の各点を通る渦線の束を考えると，空間中に一つの管が形成される. これを渦管と呼び，断面積が無限小の渦管を渦糸と呼ぶ. 例えば竜巻がなす曲線は，自然界で見られる渦管，あるいは渦糸の例とみなされる.

1.2.2　循環

図2.1のように流れ場中に閉曲線 C を取る. その閉曲線回りの循環 Γ は，以下のように定義される.

$$\Gamma = \oint_C \vec{u} \cdot \vec{t}\, \mathrm{d}s \tag{B}$$

図2.1

ここで，$\vec{t}$ は閉曲線 C 上の線素 $\mathrm{d}s$ の接線方向単位ベクトルである. 図2.1と上式の定義より，循環の値は，閉曲線回りの流れの回転の強さに相当する.

完全流体において，流れ場中に取ったある閉曲線が流体とともに移動するとき，この閉曲線回りの循環 Γ の値は変化しない. これをケルビンの定理，または循環の保存則と呼ぶ.

1.2.3　流線の方程式と流れの関数

1.2.1の渦線と同様，流体中の曲線上の各点における速度の方向が，曲線の接線方向と一致するとき，この曲線を流線と呼ぶ. 2次元流れを例に取ると，曲線の勾配が速度の向きと一致するから，次の関係を書くことができる.

$$\frac{\mathrm{d}y}{\mathrm{d}x} = \frac{v}{u},\quad \therefore \frac{\mathrm{d}x}{u} = \frac{\mathrm{d}y}{v} \tag{C}$$

3次元に拡張すると，流線の方程式は，$\dfrac{\mathrm{d}x}{u} = \dfrac{\mathrm{d}y}{v} = \dfrac{\mathrm{d}z}{w}$ $\qquad$ (D)

流れ中のある一点を通過した流体粒子の位置を結んだ線を流脈線と呼ぶ. 流線は，ある瞬間における流れのスナップショットで，流脈線は，例えば煙突から出た煙の軌跡に相当する. また，ある流体粒子がたどる軌跡を流跡線と呼ぶ. 流れが定常のとき，これら3つは互いに一致する.

2次元非圧縮流れの連続の方程式 $\dfrac{\partial u}{\partial x} + \dfrac{\partial v}{\partial y} = 0$ を満足するよう，次の流れの関数 $\psi(x, y)$ を定義することができる.

$$u = \frac{\partial \psi}{\partial y},\quad v = -\frac{\partial \psi}{\partial x} \tag{E}$$

$\psi(x, y) = C$（一定）を満足する曲線は，一つの流線を表す.

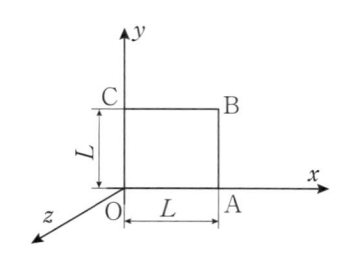

演図 2.1　座標系

例題 2.1　演図 2.1 に示す 3 次元直角 xyz 座標系において，z 方向に速度が変化しない 2 次元的な非圧縮流れがあり，この流れの x，y，z 方向の速度を u，v，w とする．a，b を正の定数として u，w が $u=b(y-ax)$，$w=0$ で表され，$y=ax$ の平面上で速度の全成分が 0 になるとき，以下の設問に答えよ．

(1) 連続の方程式を用いて速度 v を求めよ．

(2) この流れ場の流線の方程式を求めて，xy 面上における流線を簡単に図示せよ（フリーハンドでよい）．なお，流線は複数本描き，流線上に流れの方向を示す矢印を付すこと．

(3) 演図 2.1 に示す xy 平面上の正方形 OABC を閉曲線 C として，この閉曲線上の左回りの循環 Γ を定義式 $\Gamma=\oint_C \vec{u}\cdot\vec{t}\,\mathrm{d}s$ に従って計算せよ．ここで，$\vec{u}$ は速度ベクトル $\vec{u}=(u,\ v,\ w)$，$\vec{t}$ は閉曲線の単位接線ベクトルを表す．

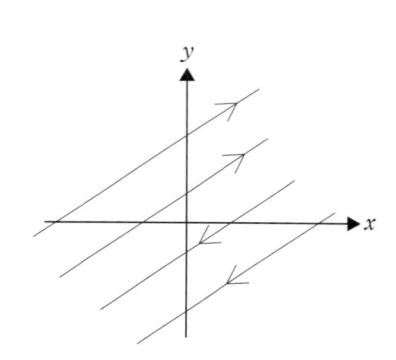

演図 2.2　正方領域 OABC

(4) この流れの座標 (x, y, z) における渦度ベクトル $\vec{\omega}(\omega_x,\ \omega_y,\ \omega_z)$ を求めよ．

(5) 正方形 OABC 面上で次式の面積分の値 A を計算して設問(3)の結果と一致することを確かめよ（演図 2.2）．次式中の $\vec{n}$ は四角形 OABC 面の単位法線ベクトルを表す．

$$A=\iint_{\text{面OABC}} \vec{\omega}\cdot\vec{n}\,\mathrm{d}x\mathrm{d}y$$

解答

(1) $\dfrac{\partial u}{\partial x}+\dfrac{\partial v}{\partial y}+\dfrac{\partial w}{\partial z}=0$ より，

$$-ab+\frac{\partial v}{\partial y}=0$$

$v=aby+f(x)$

$f(x)$ は x のみの関数

$y=ax$ で $v=0$ なので

$f(x)=-a^2bx$

$\therefore v=ab(y-ax)$

(2) $\dfrac{\mathrm{d}x}{u}=\dfrac{\mathrm{d}y}{v}$ より，

$y=ax+C$（C は定数）　（演図 2.3）

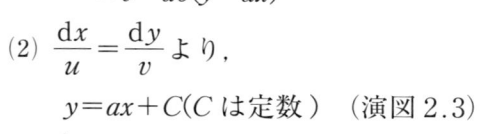

(3) $\vec{u}=(b(y-ax),\ ab(y-ax),\ 0)$

閉曲線に沿った座標を s とすれば，下記の各区間における s，単位ベクトル $\vec{t}$，速度ベクトル $\vec{u}$ は以下の通り．

区間 OA：$s=0\sim L$，$\vec{t}=(1,\ 0,\ 0)$，$\vec{u}=(-abs,\ -a^2bs,\ 0)$

区間 OB：$s=L\sim 2L$，$\vec{t}=(0,\ 1,\ 0)$，$\vec{u}=(b\{(s-L)-aL\},\ ab\{(s-L)-aL\},\ 0)$

区間 BC：$s=2L\sim 3L$，$\vec{t}=(-1,\ 0,\ 0)$，$\vec{u}=(b\{L+a(s-3L)\},\ ab\{L+a(s-3L)\},\ 0)$

区間 CO：$s=3L\sim 4L$，$\vec{t}=(0,\ -1,\ 0)$，$\vec{u}=(b(4L-s),\ ab(4L-s),\ 0)$

したがって，$\Gamma=\displaystyle\int_0^L -abs\,\mathrm{d}s+\int_L^{2L} ab\{(s-L)-aL\}\,\mathrm{d}s+\int_{2L}^{3L} -b\{L+a(s-3L)\}\,\mathrm{d}s+\int_{3L}^{4L} -ab(4L-s)\,\mathrm{d}s$

$=-bL^2(a^2+1)$

演図 2.3

(4) $\omega_x=\omega_y=0$，$\omega_z=\dfrac{\partial v}{\partial x}-\dfrac{\partial u}{\partial y}=-b(a^2+1)$，$\vec{\omega}=(0,\ 0,\ -b(a^2+1))$

(5) $\vec{n}=(0,\ 0,\ 1)$ より，$A=\displaystyle\int_0^L\int_0^L -b(a^2+1)\,\mathrm{d}x\mathrm{d}y=-bL^2(a^2+1)$

[例題] **2.2** 2次元非圧縮流れにおける x 方向および y 方向の速度 u, v がそれぞれ次式で与えられるとして以下の問いに答えよ.

$$u=\frac{-ky}{x^2+y^2}, \quad v=\frac{kx}{x^2+y^2} \quad (k は正の定数)$$

(1) 上式が連続の方程式を満足することを示せ.

(2) この流れ場の流線の方程式を求めて,流線と流れの向きを簡単に図示せよ.

(3) 原点を中心とする半径 R の円を閉曲線として,この閉曲線上の左回りの循環 Γ を求めよ.

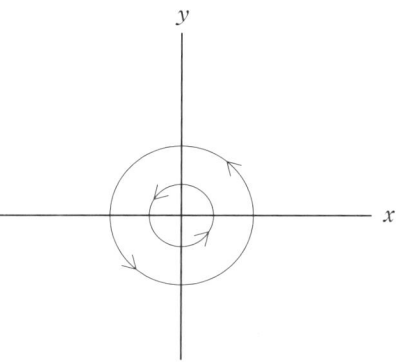

[解答]

(1) $\dfrac{\partial u}{\partial x}+\dfrac{\partial u}{\partial y}=\dfrac{2kxy-2kxy}{(x^2+y^2)^2}=0$ ∴ 連続の方程式を満足する.

演図 2.4

(2) $\dfrac{\mathrm{d}x}{u}=\dfrac{\mathrm{d}y}{v}$ より,$x\mathrm{d}x+y\mathrm{d}y=0$ ∴ $x^2+y^2=c$ (c は定数)

(3) $x^2+y^2=r^2$, $x=r\cos\theta$, $y=r\sin\theta$ であるから,

$u=-\dfrac{k\sin\theta}{r}$, $u=-\dfrac{k\cos\theta}{r}$, これより半径 R の閉曲線上の速度は $\vec{u}=\left(\dfrac{-k\sin\theta}{R}, \dfrac{k\cos\theta}{R}\right)$

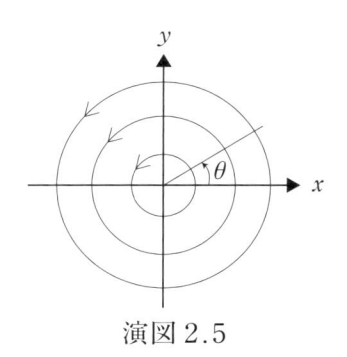

また閉曲線上の単位接線ベクトルは $\vec{t}=(-\sin\theta, \cos\theta)$

∴ $\Gamma=R\displaystyle\int_0^{2\pi}\vec{u}\cdot\vec{t}\,\mathrm{d}\theta=\int_0^{2\pi}k\mathrm{d}\theta=2\pi k$

演図 2.5

[例題] **2.3** 速度成分が $u=-x$, $v=2y$, $w=6-z$ で表されるとき,$(2, 1, 2)$ を通る流線の式を導け.

[解答]

つぎの関係が成り立つ.

$$\frac{\mathrm{d}x}{u}=\frac{\mathrm{d}y}{v}=\frac{\mathrm{d}z}{w}$$

すなわち

$$-\frac{\mathrm{d}x}{x}=\frac{\mathrm{d}y}{2y}=\frac{\mathrm{d}z}{6-z}$$

1番目と2番目の式を積分すると,

$$-\ln x=\frac{1}{2}\ln y+C_1$$

ここで C_1 は積分定数である.

$x=2$, $y=1$ を代入すると

$$-\ln 2=\frac{1}{2}\ln l=C_1$$

∴ $C_1=-\ln 2$

$-\ln x=\dfrac{1}{2}\ln y-\ln 2$

$-\ln x\sqrt{y}=-\ln 2$

$x\sqrt{y}=2$

1番目と3番目の式を積分すると,

$$-\ln x=-\ln (6-z)+C_2$$

ここで C_2 は積分定数である.$x=2$, $z=2$ を代入すると

$$-\ln 2=-\ln (6-2)+C_2$$

$C_2=\ln \dfrac{4}{2}=\ln 2$

$\ln \dfrac{6-z}{x}=\ln 2$

∴ $\dfrac{6-z}{x}=2$ すなわち

$6-z=2x$

流線の方程式は,$x\sqrt{y}=2$, $6-z=2x$ で表される。

ドリル **no. 2**	class	no	name

☆2　**問題 2.1**　速度場が $u = (U\cos\Omega t, \ U\sin\Omega t, \ 0)$ として与えられるとき，その流れ場の流線を描け．

☆3　**問題 2.2**　渦に関する以下の問いに答えよ．

(1) 渦線と渦管について説明せよ．

(2) 渦管が流れとともに移動し，その断面が細くなると渦管内の渦度ベクトル $\vec{\omega}$ の絶対値が大きくなる．ここでは非粘性流体の流れを仮定し，ケルビンの循環保存則を用いてこの理由を説明せよ．なお，ストークスの定理により，循環 Γ は次式のように表すこともできる．

$$\Gamma = \iint_S \vec{\omega} \cdot \vec{n}\,\mathrm{d}s$$

ここで，S は閉曲線を境界にもつ曲面を表し，$\vec{n}$ は曲面上の面素 $\mathrm{d}s$ の外向き法線ベクトルである．

☆2　　問題 **2.3**　　1.2 節の説明中の流線の式（C）を，円柱座標系で求めてみよう．円柱座標系 (r, θ, z) において，ある点 (r, θ, z) と微小距離離れた点 $(r + \mathrm{d}r, \theta + \mathrm{d}\theta, z + \mathrm{d}z)$ を結ぶ線素のベクトル $\overrightarrow{\mathrm{d}s}$ を考えると，

$$\overrightarrow{\mathrm{d}s} = \overrightarrow{e_r}\mathrm{d}r + \overrightarrow{e_\theta}r\mathrm{d}\theta + \overrightarrow{e_z}\mathrm{d}z \tag{A}$$

と表すことができる．また，速度ベクトル $\overrightarrow{v} = (v_r, v_\theta, v_z)$ は，

$$\overrightarrow{v} = \overrightarrow{e_r}v_r + \overrightarrow{e_\theta}v_\theta + \overrightarrow{e_z}v_z \tag{B}$$

と表される．ここで，$(\overrightarrow{e_r}, \overrightarrow{e_\theta}, \overrightarrow{e_z})$ は，各座標方向への単位ベクトルを表す．式（A），（B）を用い，円柱座標系での流線の方程式を書け．

☆2　　問題 **2.4**　　円柱座標系で速度場が次式で表されるときの流線の方程式を示し，流線の形を求めよ．ただし，k は定数である．

$$(v_r, v_\theta, v_x) = \left(\frac{k}{r^2}\cos\theta, \ \frac{k}{r^2}\sin\theta, \ 0\right)$$

☆3　**問題2.5**　演図2.6のように，点Aと点Bにおける流れの関数の値をそれぞれψ_A, ψ_Bとする．このとき，点Aと点Bを結ぶ線を横切る流量Qは，$(\psi_A - \psi_B)$となることを以下の設問に従って示せ．

(1) 演図2.6中の線素をΔs，線素に垂直方向の流速をu_nとすると，Qを以下のように表すことができる．

$$Q = \int_A^B u_n \mathrm{d}s$$

線素Δsを拡大した演図2.7を参照して，Δsを通過する流量ΔQについて，以下の関係を導け．

$$\Delta Q = u_n \Delta s = u \Delta y - v \Delta x$$

(2) 流れの関数の定義（1.2節の説明中の式(E)）を用い，$\Delta Q = \mathrm{d}\psi$（全微分）となることを示し，

$$Q = \psi_A - \psi_B$$

が成り立つことを示せ．

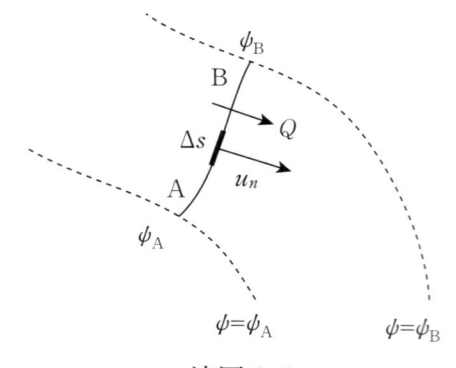

演図2.6

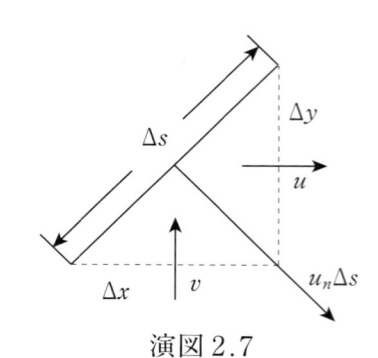

演図2.7

チェック項目	月　日	月　日
渦度ベクトル，渦度と循環の関係，流線の方程式について理解ができる．		

> 応力と変形の関係，テンソルを用いた表記について理解できる．

1.3.1　応力

　流体に作用する力として，重力などのように体積に比例する体積力と，圧力や粘性力といった面に働く面積力がある．例として圧力を考えると，力は常に作用する面に垂直に作用するため，面の方向を考慮したテンソル表記が必要となる．今，2次元直交座標系を考え，それぞれの座標方向を向く面に作用する応力のベクトルが $\begin{pmatrix} \sigma_{11} \\ \sigma_{21} \end{pmatrix}$ および $\begin{pmatrix} \sigma_{21} \\ \sigma_{22} \end{pmatrix}$ のとき，$\begin{pmatrix} \sigma_{11}, \sigma_{12} \\ \sigma_{21}, \sigma_{22} \end{pmatrix}$

を応力テンソルという．3次元では，$\sigma_{ij} = \begin{pmatrix} \sigma_{11}, \sigma_{12}, \sigma_{13} \\ \sigma_{21}, \sigma_{22}, \sigma_{23} \\ \sigma_{31}, \sigma_{32}, \sigma_{33} \end{pmatrix}$（$i$：力の向き，$j$：作用する面の向き）．

　流れの中にその外向き法線ベクトルが $\vec{n}$ の面を考えたとき，その面に作用する力 $\vec{t}$ は，応力テンソルを用いて次式のように求められる．

$$\vec{t} = \begin{pmatrix} t_1 \\ t_2 \\ t_3 \end{pmatrix} = \begin{pmatrix} \sigma_{11}, \sigma_{12}, \sigma_{13} \\ \sigma_{21}, \sigma_{22}, \sigma_{23} \\ \sigma_{31}, \sigma_{32}, \sigma_{33} \end{pmatrix} \begin{pmatrix} n_1 \\ n_2 \\ n_3 \end{pmatrix} = \sigma_{ij} n_j$$

1.3.2　ひずみ速度

　図の流体要素 OABC が流れに乗って O′A′B′C′ になったとする．流体要素は，点 O に対する各点の相対速度の存在によって変形する．相対速度は速度勾配に依存する．今，

$$a = \frac{\partial u}{\partial x}, \quad b = \frac{\partial v}{\partial y}, \quad c = \frac{\partial u}{\partial y} + \frac{\partial v}{\partial x}, \quad \omega = \frac{\partial v}{\partial x} - \frac{\partial u}{\partial y}$$

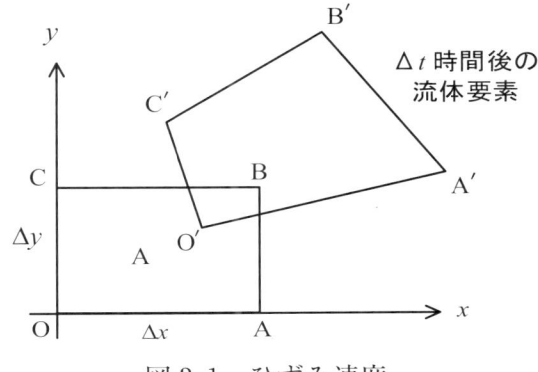

図3.1　ひずみ速度

と置くと，図のベクトル $\overrightarrow{\mathrm{OB}}$ は，単位時間後，以下のようになる．

$$\overrightarrow{\mathrm{O'B'}} = \begin{pmatrix} \Delta x \\ \Delta y \end{pmatrix} + \begin{pmatrix} \dfrac{\partial u}{\partial x}, & \dfrac{\partial u}{\partial y} \\ \dfrac{\partial v}{\partial x}, & \dfrac{\partial v}{\partial y} \end{pmatrix} \begin{pmatrix} \Delta x \\ \Delta y \end{pmatrix} = \begin{pmatrix} \Delta x \\ \Delta y \end{pmatrix} + \begin{pmatrix} a, & (c-\omega)/2 \\ (c+\omega)/2, & b \end{pmatrix} \begin{pmatrix} \Delta x \\ \Delta y \end{pmatrix}$$

ここで，右辺のテンソルを，次のように分解する．

$$\begin{pmatrix} a, & (c-\omega)/2 \\ (c+\omega)/2, & b \end{pmatrix} = \begin{pmatrix} a, & c/2 \\ c/2, & b \end{pmatrix} + \begin{pmatrix} 0, & -\omega/2 \\ \omega/2, & 0 \end{pmatrix}$$

　$\mathbf{D} \equiv \begin{pmatrix} a, & c/2 \\ c/2, & b \end{pmatrix}$（対称テンソル）を変形テンソル（流体要素の変形に寄与）と呼ぶ．

$a = \dfrac{\partial u}{\partial x}$，$b = \dfrac{\partial v}{\partial y}$ は，x, y 方向の伸縮ひずみ速度を，c は微小矩形要素を考えたとき，対角線の伸縮ひずみ速度を表す．また，$\mathbf{S} \equiv \begin{pmatrix} 0, & -\omega/2 \\ \omega/2, & 0 \end{pmatrix}$（非対称）を回転テンソルという（要素の回転に寄与．変形には寄与しない）．ω について，$a = b = c = 0$，$\omega \neq 0$ のとき，上図の要素は変形せず，回転運動することを示すことができる．ω を渦度と呼び，3次元流れのとき，渦度ベクトルは1.2節の説明の式（A）のように表現される．

例題 **3.1** 3 次元 xyz 座標系において，以下の成分で表されるベクトル $\vec{a}$, $\vec{b}$, $\vec{c}$, $\vec{t_x}$, $\vec{t_y}$ とテンソル $\boldsymbol{\sigma}$ がある.

$$\vec{a}=(3\ \ 4\ \ 5),\ \vec{b}=\begin{pmatrix}2\\4\\1\end{pmatrix},\ \vec{c}=(x^2\ \ y^2\ \ z^2),\ \vec{t_x}=\begin{pmatrix}1\\0\\0\end{pmatrix},\ \vec{t_y}=\begin{pmatrix}0\\1\\0\end{pmatrix},\ \boldsymbol{\sigma}=\begin{pmatrix}1&2&3\\2&1&6\\3&6&2\end{pmatrix}$$

次に示す演算の結果を示せ.

(1) $|\vec{a}|$　(2) $\vec{a}\cdot\vec{b}$　(3) $\boldsymbol{\sigma}\vec{b}$　(4) $\displaystyle\int_0^2\vec{c}\cdot\vec{t_x}\,dx+\int_0^4\vec{c}\cdot\vec{t_y}\,dy$

解答

(1) $|\vec{a}|=\sqrt{3^2+4^2+5^2}=5\sqrt{2}$

(2) $\vec{a}\cdot\vec{b}=6+16+5=27$

(3) $\boldsymbol{\sigma}\vec{b}=\begin{pmatrix}1&2&3\\2&1&6\\3&6&2\end{pmatrix}\begin{pmatrix}2\\4\\1\end{pmatrix}=\begin{pmatrix}11\\14\\32\end{pmatrix}$

(4) $\displaystyle\int_0^2(x^2,\,y^2,\,z^2)\begin{pmatrix}1\\0\\0\end{pmatrix}\mathrm{d}x+\int_0^4(x^2,\,y^2,\,z^2)\begin{pmatrix}0\\1\\0\end{pmatrix}\mathrm{d}y$

$$=\int_0^2 x^2\mathrm{d}x+\int_0^4 y^2\mathrm{d}y=\frac{8}{3}+\frac{64}{3}=24$$

例題 **3.2** 2 次元の直角座標系 $(x_1,\,x_2)$ のある点 P における応力テンソル $\boldsymbol{\sigma}$ が

$$\boldsymbol{\sigma}=-p\begin{pmatrix}1&0\\0&1\end{pmatrix}+\begin{pmatrix}0&A\\A&0\end{pmatrix}$$

の形で表される. このとき，単位法線ベクトル $\vec{n}$ が $\vec{n}=(1,\,0),\,(0,\,1),\,\left(\dfrac{\sqrt{3}}{3},\,\dfrac{\sqrt{6}}{3}\right)$ となる面に働く単位面積あたりの力 t の x_1, x_2 方向の成分 $(t_1,\,t_2)$ を計算せよ.

解答

$\vec{n}=(1,\,0)$ のとき

$$\begin{pmatrix}t_1\\t_2\end{pmatrix}=\boldsymbol{\sigma}\vec{n}=\begin{pmatrix}-p&A\\A&-p\end{pmatrix}\begin{pmatrix}1\\0\end{pmatrix}=\begin{pmatrix}-p\\A\end{pmatrix}$$

$\vec{n}=(0,\,1)$ のとき

$$\begin{pmatrix}t_1\\t_2\end{pmatrix}=\boldsymbol{\sigma}\vec{n}=\begin{pmatrix}A\\-p\end{pmatrix}$$

$\vec{n}=\left(\dfrac{\sqrt{3}}{3},\,\dfrac{\sqrt{6}}{3}\right)$ のとき

$$\begin{pmatrix}t_1\\t_2\end{pmatrix}=\begin{pmatrix}-\dfrac{\sqrt{3}}{3}p+\dfrac{\sqrt{6}}{3}A\\[2mm]\dfrac{\sqrt{3}}{3}A-\dfrac{\sqrt{6}}{3}p\end{pmatrix}$$

☆2　**問題3.1**　3次元の直交座標系(x_1, x_2, x_3)において，応力テンソル$\boldsymbol{\sigma}$が

$$\boldsymbol{\sigma}=\begin{pmatrix} 1 & 3 & 1 \\ 3 & 2 & 0 \\ 1 & 0 & 2 \end{pmatrix}$$

で一定とする．また，$x_1+2x_2+2x_3=1$の平面に作用する応力を$\vec{t}$とする．以下の問い(1)〜(3)に答えよ．

(1) 応力$\vec{t}$のx_1，x_2，x_3方向の成分(t_1, t_2, t_3)を求めよ．

(2) 応力$\vec{t}$の平面に直角な成分t_nと平面に沿う成分t_sを求めよ．

(3) 平面とx_1，x_2，x_3軸が交差する交点を点P_1，P_2，P_3とする．P_1，P_2，P_3を結ぶ直線でできる三角形の面が面の法線方向に受ける力F_nを求めよ．

☆2　**問題3.2**　演図3.1に示すように，原点をOとする2次元の直交座標系において，密度が1000 kg/m³で一定の流れ場を考える．この流れ場の応力テンソル$\boldsymbol{\sigma}$ [Pa]は下記で表され，重力加速度9.80 m/s²が下向きに働いている．

$$\boldsymbol{\sigma}=\begin{pmatrix} 300-800x_1 & 400 \\ 400 & 500+1600x_2 \end{pmatrix} \ [\mathrm{Pa}]$$

流れ場中に演図3.1に示す紙面に直角な方向の矩形領域 OABC を考えるとき，領域内の流体に働くx_1方向の合力F_1 [N]とx_2方向の合力F_2 [N]の値を求めよ．

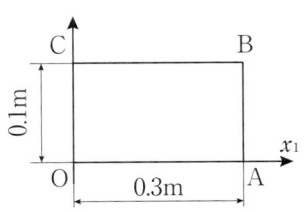

演図3.1　2次元流中の矩形領域

☆3 **問題 3.3** $y=0$ を静止固体壁面とする x-y 平面内二次元非圧縮流れ $(y \geqq 0)$ を考える。x 方向速度分布が，$u = U \sin y \cdot \cos x$ で与えられるとき，粘性応力に対するテンソル $\tau_{ij} = \mu \left(\dfrac{\partial u_i}{\partial x_j} + \dfrac{\partial u_j}{\partial x_i} \right)$ の各成分を求めよ。また固体壁面上での粘性応力ベクトルを計算せよ。

　ヒント）連続の方程式から v を求め，応力テンソルに代入して各成分を算出する。壁面の方向ベクトルと応力テンソルから，壁面上での応力ベクトルを求める。

☆2 **問題 3.4** 演図 3.2 に示す 2 次元 xy 直交座標系において，一定間隔 $2a$ の壁面間を流れる定常な非圧縮性液体の層流粘性流れがある。この流れの x，y 方向の速度をそれぞれ u，v とし，x 軸上の速度 u を U_0 で一定とすると，u は $u = U_0 \left\{ 1 - \left(\dfrac{y}{a} \right)^2 \right\}$ で表される。以下の問いに答えよ。

(1) 質量保存の条件から，あらゆる点で $v=0$ となることを示せ。
(2) この流れ場の座標 (x, y) における変形テンソル**D**と回転テンソル**S**を求めよ。
(3) 粘性係数を μ として，壁面上における粘性力 τ_{xy} と τ_{yy} を求めよ。

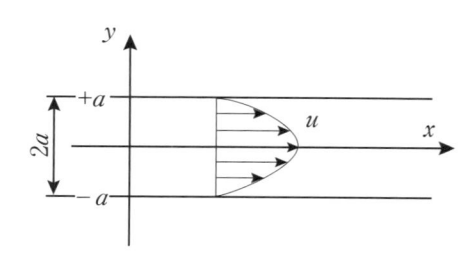

演図 3.2　2 平板間の粘性流れ

☆3　**問題3.5**　演図3.3に示すように，静止した水平な2つの平板の間に粘度μの非圧縮性のニュートン流体の油が満たされている．平板間の中央にはベルトがあり，水平右向きに速度Uで動いている．油は紙面奥行方向には流動せず，演図3.4のように2次元の流れとなっている．平板間の中央に座標原点を取り，図のように座標系を設定して，x，y方向の流体の速度をu，vで表す．このような流れの速度uは演図3.4のように平板面で速度0，ベルト位置でUとなる直線分布となることが知られている．以下の問いに答えよ．

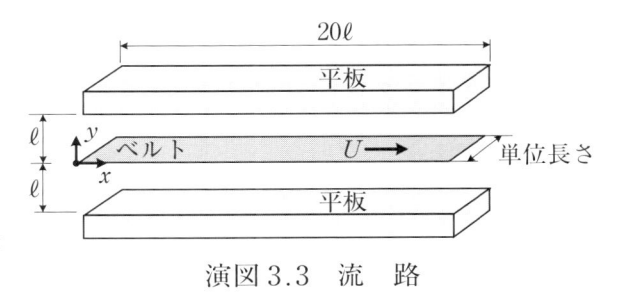

演図3.3　流　路

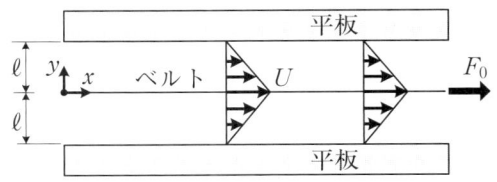

演図3.4　流れの速度分布
ベルトで駆動される粘性流体流れ

(1) ベルトの上と下側の領域におけるuはそれぞれ$u(x,\ y)=U\left(1-\dfrac{y}{\ell}\right)$および$u(x,\ y)$ $=U\left(1+\dfrac{y}{\ell}\right)$と表すことができる．いずれの領域でも$y$方向の速度$v$が0となることを示せ．

(2) ベルトの上側表面に加わるx方向の粘性応力τ_{xy}とy方向の粘性応力τ_{yy}を求めよ．

(3) 幅が単位長さでx方向に長さ20ℓの領域について考える（演図3.3参照）．この領域のベルトを右向きに運動させるために必要な引張力F_0を求めよ．

(4) ベルトの位置を上方にずらし，$y=\varepsilon(<\ell)$の位置で水平に速度Uで運動させた．このときのベルト引張力Fは問(3)におけるF_0より大きくなるか，小さくなるか．理由を付して記述せよ．なお，速度の分布が直線分布となることに留意すること．

☆2　**問題3.6**　演図3.5に示すような壁面近傍のせん断流れにおいて，流体要素は回転とひずみ変形によって表されることを示せ．

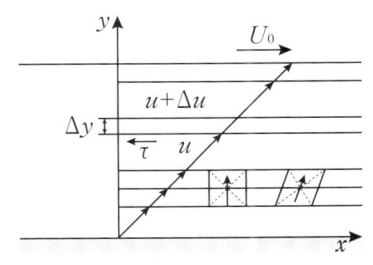

演図3.5　流体の摩擦力（せん断応力）と流体要素の運動

☆3　　**問題3.7**　2次元流れにおいて，流体の回転運動を表す$\omega = \dfrac{\partial v}{\partial x} - \dfrac{\partial u}{\partial y}$（1.3節の説明参照）の値は，座標系の回転によって変化しないことを，以下の手順により示せ.

(1) (x, y)座標系を反時計回りにθだけ回転させた座標系を(X, Y)とする．(X, Y)座標系での速度ベクトル(U, V)を，元の座標系の速度ベクトル(u, v)を用いて表せ．

(2) $U(X, Y) = U(x\cos\theta - y\sin\theta, x\sin\theta + y\cos\theta)$などの関係を利用して，$\dfrac{\partial u}{\partial y}$，$\dfrac{\partial v}{\partial x}$を$U$，$V$，$X$，$Y$ならびに$\theta$を用いて表せ．

(3) (2)の結果を用い，ωの値は，座標変換に対して不変に保たれることを示せ．

チェック項目	月　日	月　日
応力と変形の関係，テンソルを用いた表記について理解できる．		

2 流体力学の基礎方程式　　2.1 連続の方程式と運動方程式

3次元流れの連続の方程式，ナビエ・ストークスの方程式等が理解できる．

2.1.1　3次元流れの連続の方程式

非圧縮流体の連続の方程式は，流体中の仮想の微小要素に出入りする流体の質量とその時間的変化を考えることにより，以下の式で表される．

$$\frac{\partial u}{\partial x}+\frac{\partial u}{\partial y}+\frac{\partial w}{\partial z}=0 \tag{A}$$

2.1.2　オイラーの運動方程式

ニュートンの第2法則（$F=m\alpha$）より，3次元の非粘性流体に作用する力として圧力 p と体積力 $\vec{f}=(f_x,\ f_y,\ f_z)$（重力など）を考えると，それらの力のつり合いより以下の運動方程式が得られる．

$$\frac{\partial u}{\partial t}+u\frac{\partial u}{\partial x}+v\frac{\partial u}{\partial y}+w\frac{\partial w}{\partial z}=-\frac{1}{\rho}\frac{\partial p}{\partial x}+f_x$$

$$\frac{\partial v}{\partial t}+u\frac{\partial v}{\partial x}+v\frac{\partial v}{\partial y}+w\frac{\partial v}{\partial z}=-\frac{1}{\rho}\frac{\partial p}{\partial y}+f_y \tag{B}$$

$$\frac{\partial w}{\partial t}+u\frac{\partial w}{\partial x}+v\frac{\partial w}{\partial y}+w\frac{\partial w}{\partial z}=-\frac{1}{\rho}\frac{\partial p}{\partial z}+f_z$$

この方程式はオイラーの運動方程式と呼ばれる．

2.1.3　ナビエ・ストークスの方程式

一般的に，流体には粘性が存在する．粘性によって流体はせん断変形をおよび伸長変形を受ける．1.3節の説明で述べた変形テンソルに比例する粘性応力が現れる流体をニュートン流体（水，油，空気など）と呼ぶ．上述のオイラーの運動方程式は粘性力を考慮していない．そこで，2次元流れにおいてニュートン流体の粘性力を考慮した運動方程式を力のつり合いから考えると，以下の運動方程式が得られる．

$$\frac{\partial u}{\partial t}+u\frac{\partial u}{\partial x}+v\frac{\partial u}{\partial y}+w\frac{\partial u}{\partial z}=-\frac{1}{\rho}\frac{\partial p}{\partial x}+\nu\left(\frac{\partial^2 u}{\partial x^2}+\frac{\partial^2 u}{\partial y^2}+\frac{\partial^2 u}{\partial z^2}\right)+f_x$$

$$\frac{\partial v}{\partial t}+u\frac{\partial v}{\partial x}+v\frac{\partial v}{\partial y}+w\frac{\partial v}{\partial z}=-\frac{1}{\rho}\frac{\partial p}{\partial y}+\nu\left(\frac{\partial^2 v}{\partial x^2}+\frac{\partial^2 v}{\partial y^2}+\frac{\partial^2 w}{\partial z^2}\right)+f_y \tag{C}$$

$$\frac{\partial w}{\partial t}+u\frac{\partial w}{\partial x}+v\frac{\partial w}{\partial y}+w\frac{\partial w}{\partial z}=-\frac{1}{\rho}\frac{\partial p}{\partial z}+\nu\left(\frac{\partial^2 w}{\partial x^2}+\frac{\partial^2 w}{\partial y^2}+\frac{\partial^2 w}{\partial z^2}\right)+f_z$$

　　非定常項　　　　対流項　　　　　圧力項　　　　　粘性項　　　　外力項

この式は3次元ナビエ・ストークスの方程式と呼ばれ，3次元の流体運動を支配する方程式である．なお2次元流の場合は，$w=0$，z の微分項，および f_z をゼロとすればよい．

2.1.4　力学的相似

実際の系で生じる現象を，模型実験により解析する手法がよく用いられる．円柱周りの流れなどの流体力学の問題では，模型と実際の系で同じ流線が得られるようにする．代表寸法 L（例えば円柱径）に対して，幾何学的相似な座標 $(x/L,\ y/L,\ z/L)$ の位置で，代表速度 U（円柱への近寄り速度）で無次元化した速度 $(u/U,\ v/U,\ w/U)$ が模型と実際の系で一致させなければならない．この条件を満足するには，U，L を用いて無次元化した運動方程式が2つの系で同じになる（同じ解をもつ）必要がある．一例として，式(C)右辺の体積力をゼロとした x 方向成分式を無次元化する．$\bar{u}=\dfrac{u}{U}$，$\bar{t}=\dfrac{Ut}{L}$，$\bar{x}=\dfrac{x}{L}$ などと表し，また $\bar{p}=\dfrac{p}{\rho U^2}$ とすると，次式を得ることができる．

$$\frac{\partial \bar{u}}{\partial \bar{t}}+\bar{u}\frac{\partial \bar{u}}{\partial \bar{x}}+\bar{v}\frac{\partial \bar{u}}{\partial \bar{y}}+\bar{w}\frac{\partial \bar{u}}{\partial \bar{z}}=-\frac{\partial \bar{p}}{\partial \bar{x}}+\frac{1}{\mathrm{Re}}\left(\frac{\partial^2 \bar{u}}{\partial \bar{x}^2}+\frac{\partial^2 \bar{u}}{\partial \bar{y}^2}+\frac{\partial^2 \bar{u}}{\partial \bar{z}^2}\right) \tag{D}$$

$$\mathrm{Re}\equiv\frac{UL}{\nu}$$

Re をレイノルズ数と呼ぶ．式(D)より，無次元数 Re を模型と実際の流れで同じにすれば，力学的に相似な模型実験を行うことができる．

例題 4.1 微細粒子（トレーサー粒子）を流れの中に少量混入させて粒子の画像を連続撮影し，粒子の動きを追跡して流れの速度を測定する手法がある（Particle Image Velocimetry, PIV法と呼ばれる）．流体の運動とPIV法におけるトレーサー粒子の運動に関する以下の設問に答えよ．ただし，流体は非圧縮非粘性であるとし，xyz 座標系における3次元流れを考えて各方向の流体の速度を u, v, w で表す．また，トレーサー微粒子は演図4.1のように1辺の長さが $\mathrm{d}\ell$ の立方体であるとし，各辺が xyz 軸の方向に向いていると考える．

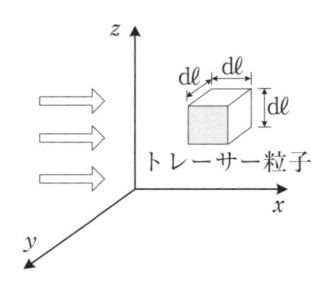

演図 4.1　トレーサー粒子の運動

(1) a, b を正の定数として u が $u = a + bx$ となっている．また，いずれの座標でも $w = 0$ である．v が x 軸上で $v = 0$ となるとき，任意の座標 (x, y, z) における v を求めよ．

(2) 原点における圧力を P_0，流体の密度を ρ_f として，x 軸上における圧力 $P(x)$ を求めよ．

(3) x 軸上のトレーサー粒子が流体から受ける x 方向の力 F_x を求めよ．

(4) トレーサー粒子の密度を ρ_P，加速度を α_{Px} として，x 軸上の粒子の x 方向の運動方程式を示せ．

(5) 流体微小要素（流体粒子）の x 方向加速度 α_{fx} を示せ．

(6) PIV法で加減速の激しい乱れた流れを精度よく測定するには，トレーサー粒子の密度を流体の密度と同じにすることが非常に重要である．その理由を考えて記述せよ．

解答

(1) 連続の方程式

$$\frac{\partial u}{\partial x} + \frac{\partial v}{\partial y} + \frac{\partial w}{\partial z} = 0$$

を満たす必要がある．したがって，$\dfrac{\partial v}{\partial y} = -b$

$\therefore v = -by + f(x, z)$　$y = 0$ で $v = 0$ より　$f(x, z) = 0$

したがって，$v = -by$

(2) x 軸上でベルヌーイの定理を適用して

$$P_0 + \frac{1}{2}\rho_f a^2 = P(x) + \frac{1}{2}\rho_f (a + bx)^2$$

$$P(x) = P_0 - \rho_f xb\left(a + \frac{b}{2}x\right)$$

(3) 演図4.2に示すように粒子に圧力による力が左面と右面に加わっている．両者の合力から F_x は次式となる．

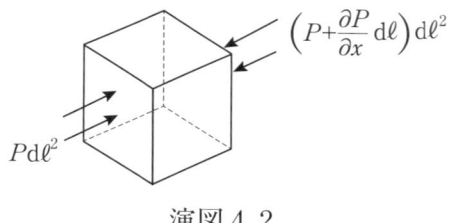

演図 4.2

$$F_x = -\frac{\partial P}{\partial x}\mathrm{d}\ell^3$$

$$= \rho_f b(a + bx)$$

(4) $\rho_f \alpha_{fx} = \rho_f b(a + bx)$

(5) $\alpha_{fx} = \dfrac{\mathrm{D}u}{\mathrm{D}t} = u\dfrac{\partial u}{\partial x} = b(a + bx)$

(6) (4)の答えから粒子の加速度 α_{Px} は次式となる．

$$\alpha_{Px} = \frac{\rho_f}{\rho_P}b(a + bx)$$

$\rho_P = \rho_f$ でないと $\alpha_{Px} \neq \alpha_{fx}$ とならず，粒子の加速度で流体の加速度を正しく評価できない．

☆2　**問題 4.1**　x 方向に重力が作用する場合の力学的相似の条件を，以下に示す x 方向 2 次元ナビエ・ストークス式に重力を加えた方程式から説明せよ．

　　x 方向 2 次元ナビエ・ストークスの方程式（定常流れ，体積力なし）

$$u\frac{\partial u}{\partial x}+v\frac{\partial u}{\partial y}=-\frac{1}{\rho}\frac{\partial P}{\partial x}+\nu\left(\frac{\partial^2 u}{\partial x^2}+\frac{\partial^2 u}{\partial y^2}\right)$$

ヒント）代表速度 U，代表長さ L を用いて上式を無次元化する．

☆2　**問題 4.2**　密度 ρ と動粘度 ν が一定の静止流体中の $y=0$ の位置におかれた無限平板が $u=U_0\cos\omega t$ の振動をしている（ストークスの第 2 問題）．このときのナビエ・ストークスの方程式は

$$\frac{\partial u}{\partial t}=\nu\frac{\partial^2 u}{\partial y^2}$$

で与えられることを示せ．

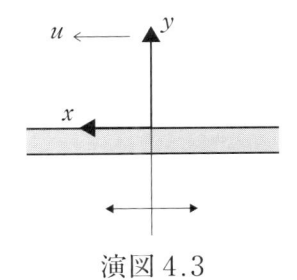

演図 4.3

☆1 　**問題 4.3** 　速度 $U_a = 3\mathrm{m/s}$ の一様な空気の流れの中に直径 $D_0 = 1\mathrm{m}$ の球が置かれている．空気の密度 ρ_a を $1.2\mathrm{kg/m^3}$，粘度を $\mu_a = 1.8 \times 10^{-5}\mathrm{Pa \cdot s}$ として，以下の問いに答えよ．

(1) 一様流の速度を代表速度，球の直径を代表寸法としてレイノルズ数 Re を求めよ．

(2) 直径 $D_1 = 10\ \mathrm{mm}$ の球を一様な水中の流れの中に置いて，力学的に相似な流れを作りたい．水の速度 U_w をいくらにすればよいか答えよ．ただし，水の密度を $\rho_w = 1000\ \mathrm{kg/m^3}$，粘度を $\mu_w = 1.0 \times 10^{-3}\mathrm{Pa \cdot s}$ とする．

(3) (2)の水中の流れにおいて，球に加わる抵抗力を測定したところ $F_1 = 6.0\ \mathrm{N}$ であった．F_1 から，空気流中の直径 $1\mathrm{m}$ の球に加わる抵抗力 F_0 を推算せよ．

チェック項目　　　　　　　　　　　　　　　　　　　　　　　月　日　　　月　日

3次元流れの連続の方程式，ナビエ・ストークスの方程式等が理解できる．		

連続の方程式，ナビエ・ストークスの方程式を円柱座標系で記述する．

円柱座標系 (r, θ, z) での速度成分を (u_r, u_θ, u_z) と書けば，$\mathrm{div}\,\vec{u}$，渦度 $(\omega_r, \omega_\theta, \omega_z)$，および，ひずみ速度 $(e_{rr}, e_{\theta\theta}, e_{zz}, e_{r\theta}, e_{\theta z}, e_{zr})$ は，

$$\mathrm{div}\,\vec{u} = \frac{1}{r}\frac{\partial}{\partial r}(ru_r) + \frac{1}{r}\frac{\partial u_\theta}{\partial \theta} + \frac{\partial u_z}{\partial z} \tag{A}$$

$$\left.\begin{aligned}
\omega_r &= \frac{1}{r}\frac{\partial u_z}{\partial \theta} - \frac{\partial u_\theta}{\partial z} \\[4pt]
\omega_\theta &= \frac{\partial u_r}{\partial z} - \frac{\partial u_z}{\partial r} \\[4pt]
\omega_z &= \frac{1}{r}\frac{\partial}{\partial r}(ru_\theta) - \frac{1}{r}\frac{\partial u_r}{\partial \theta}
\end{aligned}\right\} \tag{B}$$

$$\left.\begin{aligned}
e_{rr} &= \frac{\partial u_r}{\partial r}, \quad e_{\theta\theta} = \frac{1}{r}\frac{\partial u_\theta}{\partial \theta} + \frac{u_r}{r}, \quad e_{zz} = \frac{\partial u_z}{\partial z} \\[4pt]
e_{r\theta} &= \frac{1}{2}\left[r\frac{\partial}{\partial r}\left(\frac{u_\theta}{r}\right) + \frac{1}{r}\frac{\partial u_r}{\partial \theta}\right], \quad e_{\theta z} = \frac{1}{2}\left(\frac{1}{r}\frac{\partial u_z}{\partial \theta} + \frac{\partial u_\theta}{\partial z}\right) \\[4pt]
e_{zr} &= \frac{1}{2}\left(\frac{\partial u_r}{\partial z} + \frac{\partial u_z}{\partial r}\right)
\end{aligned}\right\} \tag{C}$$

となる．

非圧縮性流体の連続の方程式およびナビエ・ストークスの方程式は

$$\frac{1}{r}\frac{\partial}{\partial r}(ru_r) + \frac{1}{r}\frac{\partial u_\theta}{\partial \theta} + \frac{\partial u_z}{\partial z} = 0 \tag{D}$$

$$\left.\begin{aligned}
&\frac{\partial u_r}{\partial t} + u_r\frac{\partial u_r}{\partial r} + \frac{u_\theta}{r}\frac{\partial u_r}{\partial \theta} + u_z\frac{\partial u_r}{\partial_y z} - \frac{u_\theta^2}{r} \\[4pt]
&\qquad = -\frac{1}{\rho}\frac{\partial p}{\partial r} + \nu\left(\nabla^2 u_r - \frac{u_r}{r^2} - \frac{2}{r^2}\frac{\partial u_\theta}{\partial \theta}\right) \\[6pt]
&\frac{\partial u_\theta}{\partial t} + u_r\frac{\partial u_\theta}{\partial r} + \frac{u_\theta}{r}\frac{\partial u_\theta}{\partial \theta} + u_z\frac{\partial u_\theta}{\partial z} + \frac{u_r u_\theta}{r} \\[4pt]
&\qquad = -\frac{1}{\rho r}\frac{\partial p}{\partial \theta} + \nu\left(\nabla^2 u_\theta - \frac{u_\theta}{r^2} - \frac{2}{r^2}\frac{\partial u_r}{\partial \theta}\right) \\[6pt]
&\frac{\partial u_z}{\partial t} + u_r\frac{\partial u_z}{\partial r} + \frac{u_\theta}{r}\frac{\partial u_z}{\partial \theta} + u_z\frac{\partial u_z}{\partial z} = -\frac{1}{\rho}\frac{\partial p}{\partial z} + \nu\nabla^2 u_z
\end{aligned}\right\} \tag{E}$$

となる．ただし，ラプラス演算子は

$$\nabla^2 \equiv \frac{\partial^2}{\partial r^2} + \frac{1}{r}\frac{\partial}{\partial r} + \frac{1}{r^2}\frac{\partial^2}{\partial \theta^2} + \frac{\partial^2}{\partial z^2} \tag{F}$$

である．

例題 5.1　演図 5.1 に示すように，半径方向を r 方向，円周方向を θ 方向とする円筒座標系において，微小な中心角 $d\theta$ を有する扇形状の微小体積 ABCD（図中のグレーの部分）を考える．A 点の座標を (r, θ)，A 点における半径方向，円周方向の速度を V_r と V_θ，AB,CD 間の微小な距離を dr，流体の密度を ρ とする．以下の設問(1)〜(4)に答えよ．

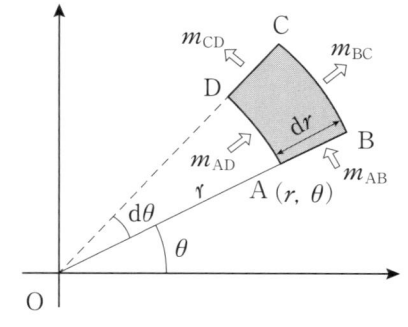

(1) 微小時間 dt の間に AD,AB から微小体積 ABCD の中に流入する質量 m_{AD}, m_{AB} を求めよ．

演図 5.1　円筒座標系における微小体積

(2) 微小時間 dt の間に BC,CD から微小体積 ABCD の外部に流出する質量 m_{BC}, m_{CD} を求めよ．

(3) 微小時間 dt の間における微小体積 ABCD の質量変化を求めよ．

(4) 設問(1)〜(3)の結果を用いて，円筒座標系における連続の方程式が次式となることを示せ．

$$\frac{\partial \rho}{\partial t} + \frac{1}{r}\frac{\partial(\rho r V_r)}{\partial r} + \frac{1}{r}\frac{\partial(\rho V_\theta)}{\partial \theta} = 0$$

解答

(1) $m_{AD} = \rho r V_r d\theta dt$

$m_{AB} = \rho V_0 dr dt$

(2) $m_{BC} = \rho r V_r d\theta dt + \frac{\partial}{\partial r}(\rho r V_r d\theta dt) \cdot dr$

$m_{CD} = \rho V_0 dr dt + \frac{\partial}{\partial \theta}(\rho V_0 dr dt) \cdot dr$

(3) $\dfrac{\partial \rho}{\partial t} r d\theta dr dt$

(4) $\dfrac{\partial \rho}{\partial t} r d\theta dr dt = m_{AD} + m_{AB} - m_{BC} - m_{CD}$

$= -\dfrac{\partial(\rho r V_r)}{\partial r} dr d\theta dt - \dfrac{\partial(\rho V_\theta)}{\partial \theta} dr d\theta dt$

$\therefore \dfrac{\partial \rho}{\partial t} + \dfrac{1}{r}\dfrac{\partial(\rho r V_r)}{\partial r} + \dfrac{1}{r}\dfrac{\partial(\rho V_\theta)}{\partial \theta} = 0$

例題 5.2　水で満たしたグラスを回転させたとき（回転軸はグラスの中心）に生じる渦は強制渦と呼ばれる．そのとき，グラスの水面はどのようになるか考察せよ．

解答

演図 5.2 のように円周速度 u_θ が半径 r に比例するとき，これを強制渦という．すなわち，速度場は

$$u_\theta = \Omega r, \quad \frac{du_\theta}{dr} = \Omega = \text{const.} \tag{A}$$

である．強制渦の場合，流体は剛体と同じように一体となって中心 O のまわりを回転しており，流体粒子もまた角速度 Ω で回転する．

本問題の場合，半径方向速度 u_r はゼロであり，u_θ は周方向 θ に依存しないので，円柱座標表示したナビエ・ストークスの方程式（2.2 節説明中の式（E）参照）より，

$$\frac{dp}{dr} = \rho \frac{u_\theta^2}{r} \tag{B}$$

となる．粘性力を無視すると，ベルヌーイの定理は同じ流線上で成立するので，全圧を p_0 とすると，ベルヌーイの定理はある同心円の流線上で

$$\frac{\rho}{2} u_\theta^2 + p = p_0 \tag{C}$$

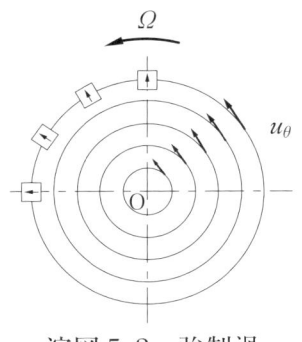

演図 5.2　強制渦

である。一般に，全圧 p_0 は異なった流線上では異なる値をとることから，式（C）を r で微分し，それによって得られた式に式（B）を代入すると次式を得る。

$$\frac{\mathrm{d}p_0}{\mathrm{d}r}=\rho\left(u_\theta\frac{\mathrm{d}u_\theta}{\mathrm{d}r}+\frac{u_\theta^2}{r}\right) \tag{D}$$

式（A）の速度分布を式（D）に代入し，境界条件 $r=0$ で $p_0=0$ のもとで求めた p_0 を式（C）に代入すると，強制渦の圧力分布

$$p=\frac{1}{2}\rho\Omega^2 r^2 \tag{E}$$

を得る。グラス内の流れでは，速度は θ 方向のみであり，z 方向の速度は現れない。したがって，式(E)の圧力は，静水圧と一致する必要がある。半径 r における水面の高さを $z(r)$ とすれば，次式が成り立つ。

$$\rho g z=\frac{1}{2}\rho\Omega^2 r^2,\quad \therefore\ z=\frac{\Omega^2 r^2}{2g}$$

水面の形状は放物曲線となる。

☆2　**問題 5.1**　2次元流れにおいて，演図5.3に示すように，円周速度が次式で与えられる流れ場を，自由渦という．

$$u_\theta = \frac{\Gamma}{2\pi r} \qquad\qquad (A)$$

Γは循環の値を表す（説明1.2.2項参照）．この流れ場について，以下の問いに答えよ．

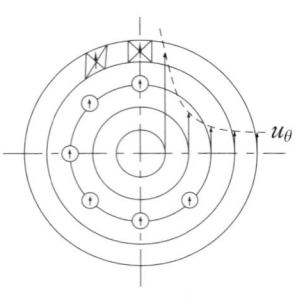

演図5.3　自由渦

(1) $\nu = 0$ を仮定する．2.2節の説明中，式(E)の第1式に $u_r = u_z = 0$, u_θ に式(A)を代入し，圧力 P が次式となることを示せ．

$$P = P_\infty - \frac{\rho \Gamma^2}{8\pi r^2} \quad (P_\infty は無限遠方での圧力)$$

(2) この流れ場は渦なし（1.2節の説明中式(A)がゼロ）となることを示せ．

<u>ヒント</u>）円柱座標の速度 (u_r, u_θ) を直交座標の速度 (u, v) で表記した後，$(x, y) = (r\cos\theta, r\sin\theta)$ の関係ならびに以下の微分の関係を用いよ．

$$\frac{\partial}{\partial x} = \frac{\partial}{\partial r}\frac{\partial r}{\partial x} + \frac{\partial}{\partial \theta}\frac{\partial \theta}{\partial x}, \quad \frac{\partial}{\partial y} = \frac{\partial}{\partial r}\frac{\partial r}{\partial y} + \frac{\partial}{\partial \theta}\frac{\partial \theta}{\partial y}.$$

ここで，$\dfrac{\partial \theta}{\partial x}$ などは，例えば $\tan\theta = \dfrac{y}{x}$ の関係から求めることができる．

☆2　問題 **5.2**　模式図のようなランキンの組み合わせ渦について，速度 u_θ と圧力 p を示せ.

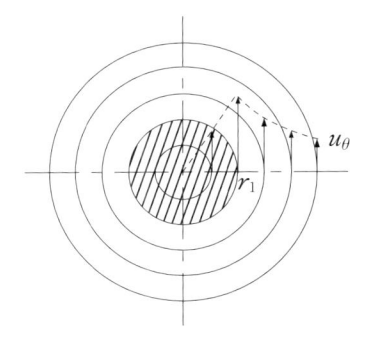

演図 5.4　ランキンの組み合わせ渦

☆2　問題 **5.3**　ハーゲン・ポアズイユ（Hagen-Poiseuille）流れ：演図 5.5 に示すように，半径 a の円管を流れる流体の発達した定常速度分布を求めよ.

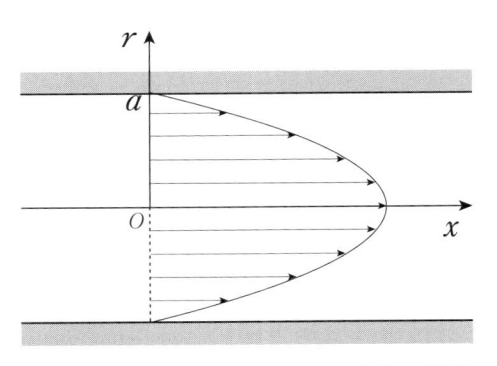

演図 5.5　ハーゲン・ポアズイユ流れ

☆2　　問題 5.4　円筒容器に水を入れて，一定角速度Ωで回転させると，十分時間が経てば容器内の流れは定常状態に達して周方向のみ運動する．例題 5.2 と多少重複するが，水を非縮性流体（密度 $\rho=$ 一定）と仮定したとき，円筒座標系 (r, θ, z) で表した運動方程式が次式で表されることを示せ．

$$r\text{方向成分}\quad \rho\frac{V_\theta^2}{r}=\frac{\partial p}{\partial r}$$

$$\theta\text{方向成分}\quad 0=\mu\frac{\partial}{\partial r}\left(\frac{1}{r}\frac{\partial}{\partial r}(rV_\theta)\right)$$

$$z\text{方向成分}\quad 0=-\frac{\partial p}{\partial z}-\rho g$$

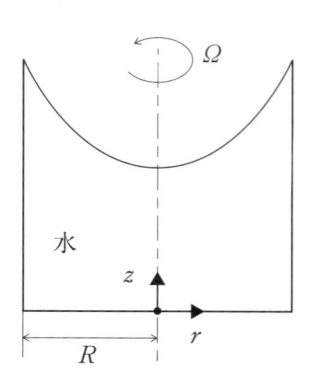

演図 5.6

チェック項目	月　日	月　日
連続の方程式，ナビエ・ストークスの方程式を円柱座標系で記述する．		

エネルギー保存則の流体力学版であるベルヌーイの定理を理解し使いこなす.

　流体の運動もまた高校で学んだニュートンの法則にしたがっている. この運動方程式（オイラーの運動方程式やナビエ・ストークスの方程式）を解くためには, 保存則を用いた式が併用されることが多い.

　エネルギー保存則であるベルヌーイの定理は, 適用範囲の広い有効なものである. 基本的には, 位置エネルギーと運動エネルギーが相互に変換されながら全体として保存される, 高校で学んだ振り子の運動を参考に考えればよい.

　流体力学においては, 流体の持つエネルギーは, 位置エネルギー, 運動エネルギーに加えて, 圧力のエネルギー（あるいは内部エネルギー）の3つで構成される. したがって, 2点間で合計6つの状態量（それぞれの位置での速度, 圧力, 高さ）を調査し, 同じく保存則の連続の方程式（質量保存則）なども利用して既知の状態量を見つけていけば, 最後の未知数を求めることができる（図6.1）. 特に気体（密度が小さくてその重量を工学的に無視できる）では, 位置エネルギーの項は無視できることがあるので, 振り子の問題と同様に要素が2つとなり簡潔になるので取り組みやすい. 自由表面流れや管内流れでも連続の方程式などの適用により同様により簡単な式になることがある. 図6.1左は振り子で, 最高点での位置エネルギーが最下点の運動エネルギーに変換される例である. 図6.1中央では, 容器水面と流出流体の表面はともに大気圧なので, 圧力のエネルギーは変化しないため振り子と同様に位置エネルギーが速度エネルギーに変換されている. 図6.1右では, 連続の方程式によって管内流速が変化しないため運動エネルギーは変化せず, 位置エネルギーは圧力に変化する.

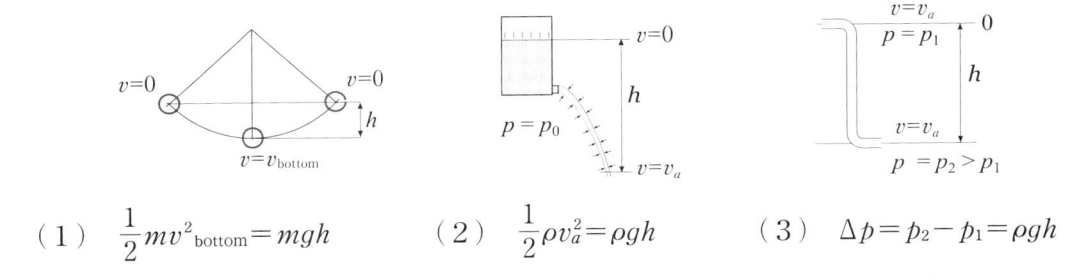

$$（1）\quad \frac{1}{2}mv^2_{\text{bottom}}=mgh \qquad （2）\quad \frac{1}{2}\rho v_a^2=\rho gh \qquad （3）\quad \Delta p=p_2-p_1=\rho gh$$

図6.1　保存則によるエネルギー変換から速度を求められる事例

　エネルギー保存則のベルヌーイの定理は, 同じ流体が通った経路上で総エネルギーが同じなので, 流線上で成立する（図6.2）. 流線上では, 空気摩擦等で振り子の総エネルギーが減少したように, 流体も粘性摩擦などによって総エネルギーが減少する. 摩擦によるエネルギー損失は, 物体表面や壁面, 流体間においてもせん断応力によって生じるが, その大きさが速度勾配（隣接する流体間の速度差）に関係し, さらに流れのようす（層流と乱流, 乱流の度合い）によっても係数が異なる.

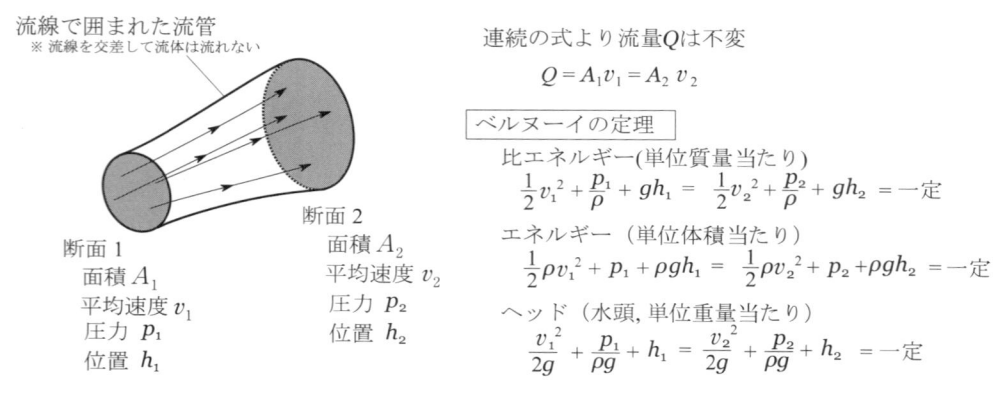

図 6.2　流管と連続の方程式およびベルヌーイの式

流線で囲まれた領域では，内部の流体は同一流体が流れていくため内部では流量が一定で，流管と呼ぶ（図 6.2 左）．図 6.2 の右に，ベルヌーイの定理を示す．

　壁面近くでは，粘性によって流体が壁面に付着していると考える（すべりなしの条件）．その結果，図 6.3 左に示すように，壁面に接触した直後の一瞬，主流と壁面の間に大きな速度差が生じ，非常に大きなせん断応力が発生するが，すぐ下流ではこの大きなせん断応力によって隣接する流体が大きく減速され，さらにその隣接する流体へと伝播していく．この結果，速度分布の勾配はなだらかになり，やがて壁面に垂直な断面内の流体はある速度分布を持つ．

　一定断面管路では，摩擦によるエネルギー損失は圧力に表れる．摩擦の力と圧力差による力は釣り合っている（図 6.3 右）．これに $\tau = -\mu \dfrac{\mathrm{d}u}{\mathrm{d}r}$ を用いて積分することで r と u の関係を求めれば円管の速度分布が求まる．

$$u = \frac{p_u - p_d}{4\mu\ell}(R^2 - r^2)$$

　演習問題では，速度やレイノルズの関数で与えられる係数からこの損失を求め，その影響を含めたベルヌーイの定理の練習も行う．

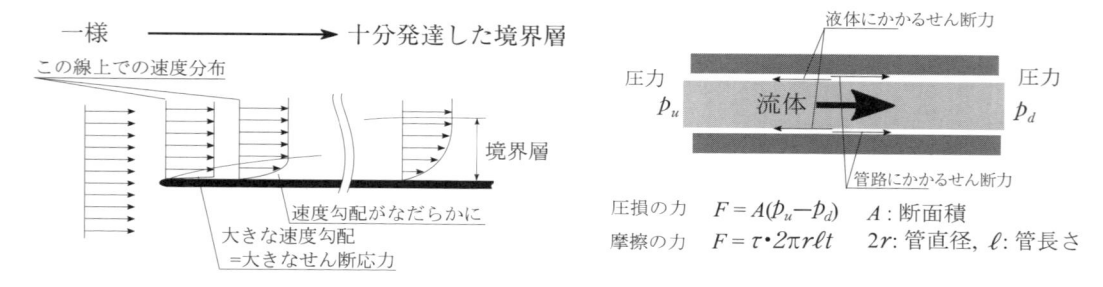

図 6.3　せん断力と境界層，管路内の力の釣り合い

　損失を含めたベルヌーイの定理は，例えば単位重量当たりでは，以下のように書くことができる．

$$\frac{v_1{}^2}{2g} + \frac{p_1}{\rho g} + h_1 = \frac{v_2{}^2}{2g} + \frac{p_2}{\rho g} + h_2 + h_f$$

ここで，h_f は，流線上の点 1 と 2 の間の損失水頭を表す．損失水頭は，例えば管径の急激な拡大や縮小，曲がりや合流，管路内に存在するバルブ等の影響によって発生する．また，上述の管内の壁面摩擦による損失水頭は，管摩擦損失と呼ばれる．管摩擦による損失水頭は，管摩擦係数 λ を用いて次式のように表される（ダルシー・ワイズバッハの式）．

$$h_f = \lambda \frac{\ell}{D} \frac{U^2}{2g}$$

ここで，ℓ は管の長さである．次式で定義されるレイノルズ数(2.1 節説明参照)

$$\mathrm{Re} \equiv \frac{UD}{\nu} \quad (U：管内平均流速，D：管内径)$$

を用いて，層流，乱流に対する λ は，次式で与えられる．

$$\lambda = \frac{64}{\mathrm{Re}} \quad （層流，\mathrm{Re} < 2300）$$

$$\lambda = 0.3164 \mathrm{Re}^{-1/4} \quad （ブラジウスの式：乱流，3000 < \mathrm{Re} < 10^5）$$

$$\lambda = 0.0032 + \frac{0.221}{\mathrm{Re}^{0.237}} （ニクラゼの式：乱流，10^5 < \mathrm{Re} < 10^8）$$

層流の λ は，上で示した円管内速度分布の理論式から求めることができる．乱流の λ は，数多くの実験から得られた経験式である．

例題 **6.1** 渦なし流れを仮定して完全流体における定常流のベルヌーイの定理を導出せよ. 流線の条件を用いずに定理を導出することで, 渦なしの場合にはベルヌーイの定理が流線上の2点だけではなく, 任意の2点で成立することを示せ. なお, ベルヌーイの定理はベルヌーイの式ともよばれる.

解答

渦 (1.2節の説明参照) なしの条件あり

$$\frac{\partial u}{\partial z}=\frac{\partial w}{\partial x}, \ \frac{\partial u}{\partial y}=\frac{\partial v}{\partial x}, \ \frac{\partial v}{\partial z}=\frac{\partial w}{\partial y} \tag{A}$$

2.1節説明中の x 方向のオイラーの運動方程式に微小距離 $\mathrm{d}x$ を乗じると

$$\left(u\frac{\partial u}{\partial x}+v\frac{\partial u}{\partial y}+w\frac{\partial u}{\partial z}\right)\mathrm{d}x=-\frac{1}{\rho}\frac{\partial p}{\partial x}+f_x \tag{B}$$

(B)式に(A)式を代入して

$$\left(u\frac{\partial u}{\partial x}+v\frac{\partial v}{\partial x}+w\frac{\partial u}{\partial x}\right)\mathrm{d}x=-\frac{1}{\rho}\left(\frac{\partial p}{\partial x}\right)\mathrm{d}x+f_x\mathrm{d}x \tag{C}$$

y 方向, z 方向のオイラーの運動方程式にそれぞれ $\mathrm{d}y$, $\mathrm{d}z$ を乗じて同様に変形すると

$$\left(u\frac{\partial u}{\partial y}+v\frac{\partial u}{\partial y}+w\frac{\partial w}{\partial y}\right)\mathrm{d}y=-\frac{1}{\rho}\left(\frac{\partial p}{\partial y}\right)\mathrm{d}y+f_y\mathrm{d}y \tag{D}$$

$$\left(u\frac{\partial u}{\partial z}+v\frac{\partial v}{\partial z}+w\frac{\partial w}{\partial z}\right)\mathrm{d}z=-\frac{1}{\rho}\left(\frac{\partial p}{\partial z}\right)\mathrm{d}z+f_z\mathrm{d}z \tag{E}$$

式(C), (D), (E)の総和をとると, その左辺は

$$u\mathrm{d}u+v\mathrm{d}v+w\mathrm{d}w=\mathrm{d}\left(\frac{1}{2}u^2+\frac{1}{2}v^2+\frac{1}{2}w^2\right)=\mathrm{d}\left(\frac{1}{2}q^2\right) \qquad (ただし, \ q^2=u^2+v^2+w^2) \tag{F}$$

右辺は

$$-\frac{1}{\rho}\left(\frac{\partial p}{\partial x}\mathrm{d}x+\frac{\partial p}{\partial y}\mathrm{d}y+\frac{\partial p}{\partial z}\mathrm{d}z\right)+(f_x\mathrm{d}x+f_y\mathrm{d}y+f_z\mathrm{d}z) \tag{G}$$

$\vec{f}=(f_x, \ f_y, \ f_z)$ がポテンシャル U から導かれるとすれば式(G)は

$$式(G)=-\frac{1}{\rho}\mathrm{d}p-\mathrm{d}U \tag{H}$$

式(F), 式(H)を任意の2点で積分して

$$\frac{1}{2}q^2=-\frac{p}{\rho}-U+C$$

$$\therefore \frac{1}{2}q^2+\frac{p}{\rho}+U=一定 \tag{I}$$

渦度は任意の点でゼロなので, 式(I)は流線上のみならず, 任意の2点で成立する (例えば, 問題5.1の自由渦の場合). 特に, 重力場 (重力加速度は z 軸方向) のとき, ポテンシャル U は gz (重力方向を下向き, z 方向に取る) となる.

例題 **6.2** 水平な円形の流管の直径が $D_1 = 10.0\mathrm{cm}$ から徐々に小さくなって $D_2 = 4.0\mathrm{cm}$ になっている. 上流の流管内の水の流速は $v_1 = 2.0\mathrm{m/s}$, 圧力は $p_1 = 200\mathrm{kPa}$ である. 上流と下流の流管の断面積 A_1 [m²], A_2 [m²], ならびに下流の流管内の流速 v_2 [m/s]と圧力 p_2 [kPa]を求めよ. ただし, 水の密度は $\rho_w = 998\mathrm{kg/m^3}$, 重力加速度は $g = 9.80\mathrm{m/s^2}$ とせよ.

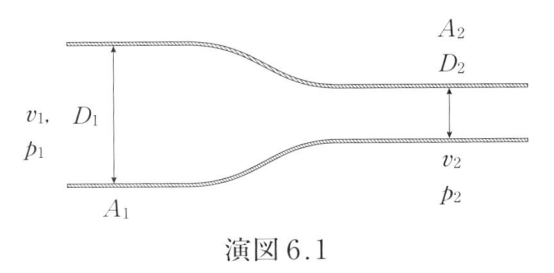

演図 6.1

解答

$D_1 = 10.0\mathrm{cm} = 10.0 \times 10^{-2}\mathrm{m}$

$D_2 = 4.0\mathrm{cm} = 4.0 \times 10^{-2}\mathrm{m}$

$A_1 = \dfrac{\pi}{4}D_1{}^2 = \dfrac{3.14}{4} \times (10.0 \times 10^{-2})^2 = 7.85 \times 10^{-3}\mathrm{m^2}$

$A_2 = \dfrac{\pi}{4}D_2{}^2 = \dfrac{3.14}{4} \times (4.0 \times 10^{-2})^2 = 1.26 \times 10^{-3}\mathrm{m^2}$

連続の方程式より

$A_1 v_1 = A_2 v_2$

$v_2 = \dfrac{A_1}{A_2}v_1 = \dfrac{7.85 \times 10^{-3}}{1.26 \times 10^{-3}} \times 2.0 = 12.5\mathrm{m/s}$

ベルヌーイの定理より

$p_1 + \dfrac{1}{2}\rho_w v_1{}^2 = p_2 + \dfrac{1}{2}\rho_w v_2{}^2$

$p_2 = p_1 + \dfrac{1}{2}\rho_w v_1{}^2 - \dfrac{1}{2}\rho_w v_2{}^2$

$= 200 \times 10^3 + \dfrac{1}{2} \times 998 \times (2.0^2 - 12.5^2)$

$= 200 \times 10^3 - 76.0 \times 10^3$

$124 \times 10^3\mathrm{Pa}$

$= 124\mathrm{kPa}$

☆1　**問題 6.1**　水平な円形の流管の直径が $D_1=3.0\text{cm}$ から徐々に大きくなって $D_2=8.0\text{cm}$ になっている．上流の流管内の水の流速は $v_1=12.0\text{m/s}$，圧力は $p_1=200\text{kPa}$ である．上流と下流の流管の断面積 $A_1[\text{m}^2]$，$A_2[\text{m}^2]$，ならびに下流の流管内の流速 $v_2[\text{m/s}]$ と圧力 $p_2[\text{kPa}]$ を求めよ．ただし，水の密度は $\rho_w=998\text{kg/m}^3$，重力加速度は $g=9.80\text{m/s}^2$ とせよ．

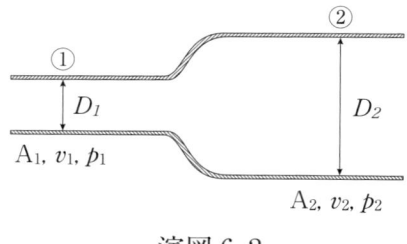

演図 6.2

☆1　**問題 6.2**　演図 6.3 に示すような垂直円管（拡大管）に水が上向きに流れている．管の内径が $d_1=100\text{mm}$ および $d_2=200\text{mm}$，流量が $Q=0.1\text{m}^3/\text{s}$，断面①，②の間の垂直距離 $H=5\text{m}$，断面①の圧力（ゲージ圧）が $p_1=1.0\times10^5\text{Pa}$ であるとすると，断面②におけるゲージ圧力 p_2 はいくらになるか．以下の順序で求めよ．ただし，損失等は無視し，水の密度は $\rho_w=1000\text{kg/m}^3$ として計算せよ．

(1) 断面①の平均流速 $v_1[\text{m/s}]$ および断面②の平均流速 $v_2[\text{m/s}]$ を連続の方程式から求めよ．

(2) ベルヌーイの定理より断面②のゲージ圧力 p_2 を表す式を記号で導け．

(3) $p_2[\text{Pa}]$ を求めよ．

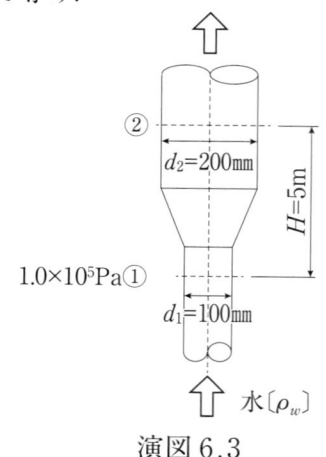

演図 6.3

☆2　　問題 **6.3**　演図 6.4 に示すような管路における石油の流量を求めよ.

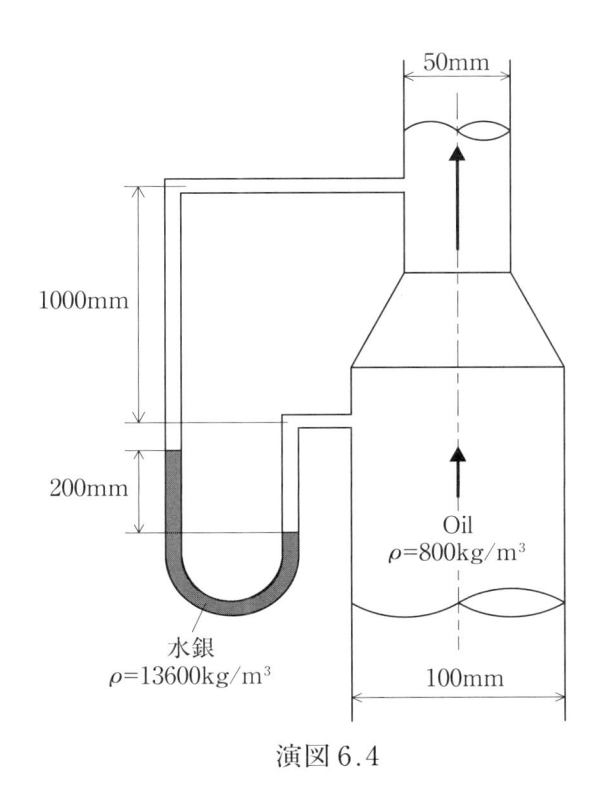

演図 6.4

☆2　　問題 **6.4**　内径 $D=30$mm の鉛直円管内を水が断面平均流速 $v_m=2.5$m/s で上向きに流れている. ①の位置における圧力は $p_1=150$kPa である. 水の蒸気圧を $p_v=2.34$kPa として, 水が水蒸気に変わる位置②を次の 2 つの場合について求めよ. ただし, 水の密度 ρ は $\rho=998$kg/m³, 動粘度は $\nu=0.821\times10^{-6}$m²/s である.
　　（1）　圧力損失（管摩擦損失）がない場合
　　（2）　圧力損失がある場合

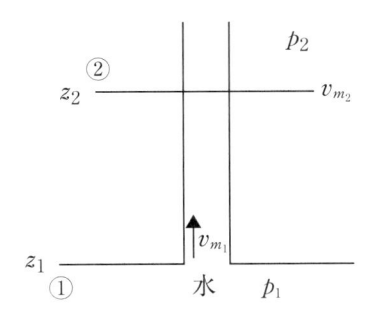

演図 6.5

☆2 **問題 6.5** 内径Dの円筒容器の側壁に内径d，長さLの円管が水平に取りつけられている．円管の長さと内径の比L/dは20倍以上あり，助走区間の付加圧力損失は円管の摩擦圧力損失に比べて無視できる．また，入口損失も無視できるとして，円筒容器内の水が流出するときの時間tと水深hとの関係を求めよ．ただし，流れは層流であり，管摩擦係数λは次式で与えるものとする．

$$\lambda = \frac{64}{\mathrm{Re}}, \quad \mathrm{Re} = \frac{v_{m2}d}{\nu}$$

ここで，Re はレイノルズ数 [−]，v_{m2}は管路出口の断面平均速度[m/s]，νは動粘度[m²/s]である．なお，$t=0$における水深を $h=H$ とする．

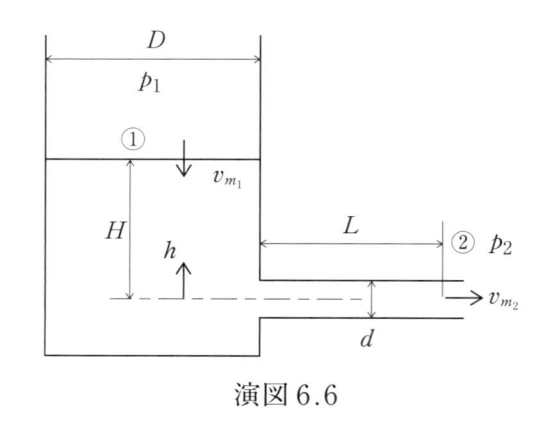

演図 6.6

☆3 **問題 6.6** 問題 6.5 において，流れが乱流であるとして，液面降下について述べよ．ただし，管摩擦係数λはブラジウスの式に従うものとする．

☆3　**問題 6.7**　直径Dの円筒容器の側壁に内径dのオリフィスが取りつけられている．オリフィスからの流出する水の断面平均速度v_{m2}との高さhの関係を求めた後，液面の高さhと時間tとの関係を求めよ．なお液面の初期値は$h(0)=H$であり，dはDに比べて非常に小さいものとする．

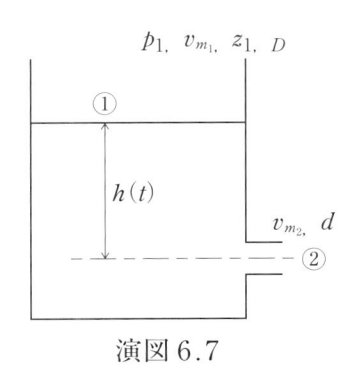

演図 6.7

☆2　**問題 6.8**　演図 6.8 に示すような直径$D_1=4.0$mの容器にとりつけられた管路における流出速度v_{m3}と流出流量Qを圧力損失を考慮した場合について求めよ．ただし流体は水であり，密度は$\rho=998$kg/m³，動粘度は$\nu=1.00\times10^{-6}$m²/sとする．水深Hは一定に保たれており，$H=3.0$m，$D_2=20$mm，$L_2=2.0$m，$D_3=30$mm，$L_3=2.0$mである．なおD_2，D_3はD_1に比べて非常に小さい．直管路における助走区間内の付加圧力損失は無視できる．管摩擦係数λ_2，λ_3はともに0.03と仮定する．入口損失係数は$\xi_{in}=0.5$，急拡大損失係数は$\xi_{ex}=\left[1-\left(\dfrac{D_2}{D_3}\right)^2\right]^2$である．

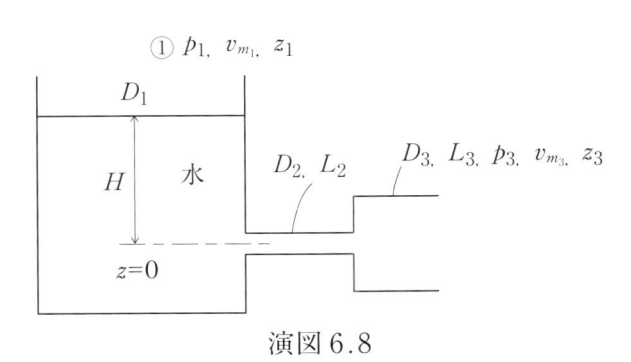

演図 6.8

☆3　　**問題 6.9**　問題 6.8 では管摩擦係数を$\lambda_2=\lambda_3=0.03$と仮定して解を求めたが，λ_2とλ_3をレイノルズ数Re の関数として表し，解を求め，問題 6.8 の結果と比較せよ．まず，乱流と仮定して，ブラジウスの式をλ_2とλ_3に適用すること．

☆1　　**問題 6.10**　ゲージ圧力$p_g＝500\text{kPa}$のタンク内の水を消火ノズルの先端の小孔から流出させたとき，その流出速度v_2は何［m/s］になるか．ただし，水の密度ρ_wは1000kg/m^3であり，タンク内の水面の面積は小孔の面積に比べて非常に大きく，水面の位置は変化せず，降下速度v_1は 0 とおける．また，水面の位置z_1はノズルの位置z_2よりも1.0m高い位置にあるとし，圧力損失は考えない．

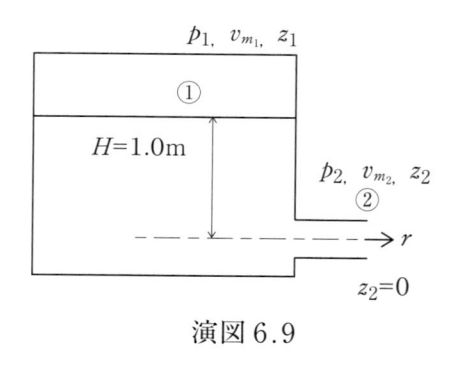

演図 6.9

チェック項目

	月　日	月　日
エネルギー保存則の流体力学版であるベルヌーイの定理を理解し使いこなす．		

38

3 完全流体の力学　　3.1 ポテンシャルの流れ

速度ポテンシャル関数を用いた流れ場の解析手法を理解する.

3.1.1 完全流体

非圧縮性で粘性の無い流体を完全流体もしくは理想流体と呼ぶ. 粘性力が働かないので流体には圧力のみが作用する.

3.1.2 速度ポテンシャル ϕ

渦度ベクトル $\vec{\omega}$ が任意の点でゼロとなっている流れは, 渦なし流れ, もしくはポテンシャル流れと呼ばれる. 渦なし流れでは, 直交座標系における x, y, z 方向の速度 u, v, w と以下の関係を有するスカラー関数 ϕ を定義することができる.

$$\vec{u} = (u, v, w) = \mathrm{grad}\ \phi = \left(\frac{\partial \phi}{\partial x}, \frac{\partial \phi}{\partial y}, \frac{\partial \phi}{\partial z} \right)$$

関数 ϕ を速度ポテンシャルと呼ぶ. 円筒座標系の (r, θ, z) 方向の速度 (u_r, u_θ, u_z), 極座標系の (r, θ, φ) 方向の速度 $(u_r, u_\theta, u_\varphi)$ に対しては以下の関係となる.

$$(u_r, u_\theta, u_z) = \left(\frac{\partial \phi}{\partial r}, \frac{1}{r} \frac{\partial \phi}{\partial \theta}, \frac{\partial \phi}{\partial z} \right), \quad (u_r, u_\theta, u_\varphi) = \left(\frac{\partial \phi}{\partial r}, \frac{1}{r} \frac{\partial \phi}{\partial \theta}, \frac{1}{r \sin \theta} \frac{\partial \phi}{\partial \varphi} \right)$$

ベルヌーイの定理を用いることで, $\vec{u}$ からさらに圧力場が求められる. 完全流体の場合には, 非圧縮流体の連続の式 $\mathrm{div}\vec{u} = \dfrac{\partial u}{\partial x} + \dfrac{\partial v}{\partial y} + \dfrac{\partial w}{\partial z} = 0$ より, ϕ はさらに以下のラプラス方程式を満足する.

$$\frac{\partial^2 \phi}{\partial x^2} + \frac{\partial^2 \phi}{\partial y^2} + \frac{\partial^2 \phi}{\partial z^2} = \Delta \phi = 0$$

3.1.3 速度ポテンシャルで表される3次元流れの例

● 2次元流れの場合

・速度 U の平行流 : $\phi = Ux$

・流量 q の吹き出し : $\phi = -\dfrac{q}{2\pi} \log \sqrt{x^2 + y^2} = \dfrac{q}{2\pi} \log r$

・2重吹き出し : $\phi = \dfrac{mx}{2\pi(x^2 + y^2)} = \dfrac{m \cos \theta}{2\pi r}$ （m は実数の定数, $x = r \cos \theta$)

● 3次元流れの場合

・速度 U の平行流 : $\phi = Ux$

・流量の吹き出し : $\phi = -\dfrac{q}{4\pi \sqrt{x^2 + y^2 + z^2}} = -\dfrac{q}{4\pi r}$

・2重吹き出し : $\phi = \dfrac{mx}{4\pi(x^2 + y^2 + z^2)^{\frac{3}{2}}} = -\dfrac{m \cos \varphi}{4\pi r^2}$ （m は実数の定数, $x = r \cos \varphi$)

例題 7.1 2次元非圧縮流れにおける x 方向と y 方向の速度 u, y がそれぞれ次式で与えられるとして以下の問いに答えよ.

$u = kx,\ v = -ky$（k は正の定数）

(1) 上式が連続の方程式を満足することを示せ.

(2) この流れ場の流線の方程式（1.2 節説明参照）を求めて，流線と流れの向きを簡単に図示せよ.

(3) この流れ場が渦なしであることを示し，速度ポテンシャル ϕ を求めよ.

解答

(1) $\dfrac{\partial u}{\partial x} + \dfrac{\partial u}{\partial y} = k - k = 0$ より連続の方程式を満たす.

(2) $\dfrac{\mathrm{d}x}{u} = \dfrac{\mathrm{d}y}{v}$ より，$\dfrac{\mathrm{d}x}{kx} = -\dfrac{\mathrm{d}y}{ky}$　$\therefore \log|xy| = c$　（c は定数）

流線の方程式は $y = \dfrac{c'}{x}$　（c' は定数）

(3) $\omega = \dfrac{\partial v}{\partial x} - \dfrac{\partial u}{\partial y} = 0$ より，渦度が 0 なので渦なし流れ

$\mathrm{d}\phi = \dfrac{\partial \phi}{\partial x}\mathrm{d}x + \dfrac{\partial \phi}{\partial y}\mathrm{d}y = u\mathrm{d}x + v\mathrm{d}y = kx\mathrm{d}x - ky\mathrm{d}y$

$\therefore \phi = \dfrac{k}{2}(x^2 - y^2) + c$　（c は定数）

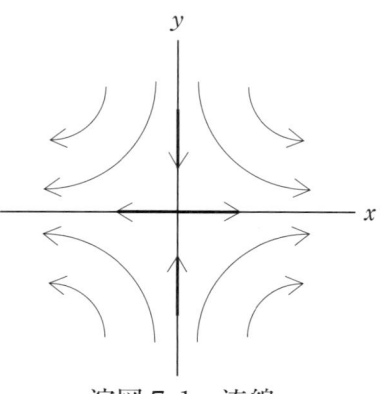

演図 7.1　流線

例題 7.2 2次元 xy 座標系における非圧縮流体の流れにおいて，流れ関数 ϕ が $\phi = x^3 y - 4xy^3$ で与えられる. 以下の問いに答えよ.

(1) x 方向の速度 u と y 方向の速度 v を求めよ.

(2) この流れに速度ポテンシャルは存在するか否か. 存在の有無とその理由を述べよ.

(3) この流れでは，$x = 0, y = 0, y = \dfrac{1}{2}x, y = -\dfrac{1}{2}x$ の直線が流線となることを示せ.

解答

(1) $\phi = x^3 y - 4xy^3$

$u = \dfrac{\partial \phi}{\partial y} = x^3 - 12xy^2$

$v = -\dfrac{\partial \phi}{\partial x} = 3x^2 y + 4y^3$

(2) $\omega = \dfrac{\partial v}{\partial x} - \dfrac{\partial u}{\partial y} = -18xy$

ω は恒等的にゼロにならない. したがって，この流れは渦ありの流れであり，速度ポテンシャルは存在しない.

(3) $\phi = x^3 y - 4xy^3 = xy(x + 2y)(x - 2y)$ である. したがって $x = 0, y = 0, y = \dfrac{1}{2}x, y = -\dfrac{1}{2}x$ で

$\phi = 0$（一定）となり，これらの直線が流線となる.

☆2 **問題7.1** 2次元 xy 直交座標系において非圧縮流体の渦なし流れがある．この流れの速度ポテンシャル ϕ が a を正の定数として $\phi = a(x^2 - y^2)$ で与えられる．x および y 方向の速度を u, v として以下の問いに答えよ．

(1) 座標 (x, y) における u, v を求めよ．

(2), (1)で求めた u, v が連続の方程式を満足することを確かめよ．

(3) この流れ場の流線の方程式（1.2節説明参照）を求めて，流線を簡単に図示せよ（フリーハンドでよい）．なお，流線は複数本描き，流線上に流れの方向を示す矢印を付すこと．

☆1 **問題7.2** 2次元の流れ場を表すポテンシャル ϕ が以下の式で与えられるとき，速度 (u, v) を求めよ．また連続の方程式を満たすか調べよ．

$$\text{速度ポテンシャル} \quad \phi = \frac{1}{2}ax^2 + bxy - \frac{1}{2}ay^2$$

☆2　　問題 **7.3**　　2次元流れにおいて，外力がポテンシャルであるとき，渦なし流れ $\omega=0$ は，オイラーの運動方程式（2.1節説明式(B)）の1つの解となる．このことを以下の手順で示せ.

（1）x 方向ならびに y 方向オイラー運動方程式から，渦度 ω に対する方程式を解け.

（2）上の結果に $\omega=0$ を代入し，オイラーの運動方程式の解の1つになることを確かめよ.

☆2　　問題 **7.4**　　以下の問いに答えよ.

（1）流体がゼロ以外の有限の値の速度をもって運動しているのであれば，流線が互いに交差することはない．その理由を説明せよ.

（2）非圧縮性流体において，流管の断面積が小さくなるところ（流線が密に集まるところ）では速度が速くなる．その理由を説明せよ.

（3）流れ関数および速度ポテンシャルを用いる利便性は何か．説明せよ.

（4）圧縮性流体の3次元粘性流れでは，ニュートン流体を仮定してもナビエ・ストークスの方程式と連続の方程式だけで方程式を解くことが原理的にできない．その理由を説明せよ.

☆3　　問題 **7.5**　粘性流体ではひずみ速度があり，それによって応力が生じている．一方，ポテンシャル流れでは，2次元の場合，ひずみ速度は

$$\frac{\partial u}{\partial y}+\frac{\partial v}{\partial x}=2\frac{\partial^2\phi}{\partial x\partial y}$$

である．このとき，速度ポテンシャル $\phi=C_0 xy$（ただし，C_0 は任意定数である）はラプラス方程式 $\Delta\phi=0$（3.1.2 項の説明参照）を満足することを示し，上式で示されるひずみ速度はゼロにならないことを確認せよ．

☆2　　問題 **7.6**　原点に吹き出しのある2次元ポテンシャル流れ(3.1.3 項説明参照)について，x, y 方向の伸縮ひずみ $\dfrac{\partial u}{\partial x}$, $\dfrac{\partial v}{\partial y}$ (3.1.3 項説明参照)を求めよ．

☆2　　問題 **7.7**　　3次元流れ場において，強さmの吹き出しと吸い込みに対する速度ポテンシャルϕは

$$\phi = -\frac{m}{r} + C$$

で与えられる．ただし，Cは任意定数である．このとき，r方向の速度u_r，および，吹き出し（吸い込み）を囲む半径rの球面Sから流出（流入）する流量Qを求めよ．

☆3　　問題 **7.8**　　ポテンシャル流れで球をあつかうとき，2重吹き出しを用いる．2重吹き出しは吹い込みと吹き出しをある位置，（例えば原点）に近づけた極限をとって，

$$\phi = \frac{-m\cos\varphi}{4\pi r^2} \quad （3.1.3項の説明参照）$$

で表される．この2重吹き出しを，一様流U_0中の原点におくと，一様流中の球のまわりの流れが得られる．このときx軸負側から流れる，一様流中の球まわりの流れ場を求めよ．

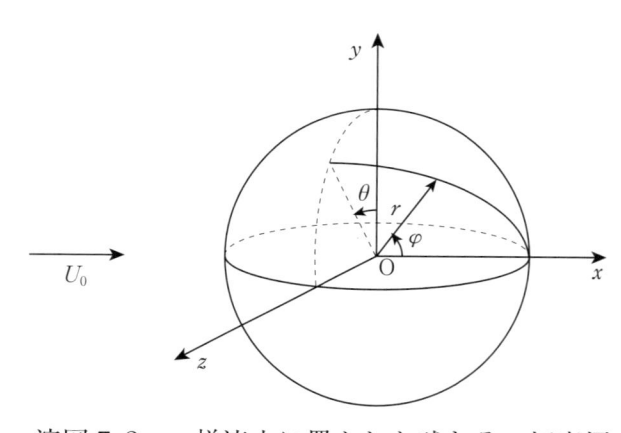

演図7.2　　一様流中に置かれた球とその極座標

チェック項目	月　　日	月　　日
速度ポテンシャル関数を用いた流れ場の解析手法を理解する．		

複素速度ポテンシャルを用いた2次元の流れ場の解析手法を理解する。

3.2.1 複素数 z

2乗して -1 となる数を虚数と呼び i で表す。実数部を x，虚数部を y として複素数 z は $z = x + iy$ で定義される。横軸を実数部 x，縦軸を虚数部 y とした座標平面を複素平面と呼ぶ。図8.1中の距離 r と角度 θ を用いて x, y, z は以下のように表すこともできる。

$$x = r\cos\theta, \; y = r\sin\theta, \; z = re^{i\theta} = r(\cos\theta + i\sin\theta)$$

3.2.2 複素速度ポテンシャル W

次式のように速度ポテンシャル ϕ と流れ関数 ψ の複素結合で表され，2次元・非圧縮・渦なし流れ（2次元ポテンシャル流れ）で定義できる。

$$W(z) = \phi(x, y) + i\psi(x, y)$$

W は z に関して微分可能（正則関数）であり，x, y 方向速度 u, v と $\dfrac{dW}{dz} = u - iv = w$ の関係がある。w は複素速度と呼ばれる。

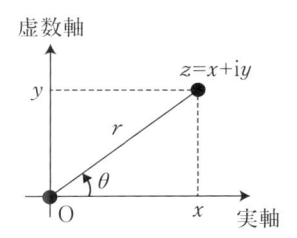

図 8.1　複素平面

3.2.3 重ね合わせの原理

異なる2つの複素速度ポテンシャル W_1 と W_2 の和（$= W_1 + W_2$）で，これらを合成した流れ場を表すことができる。これにより，簡単な流れ場の重ね合わせで複雑な流れ場の W を求めることができる。

3.2.4 複素速度ポテンシャルで表される2次元流れの例

・速度 U の平行流：$W = Uz$

・流量 q の吹き出し：$W = \dfrac{q}{2\pi}\log z$

・循環 Γ の自由渦：$W = -\dfrac{i\Gamma}{2\pi}\log z$

・2重吹き出し：$W = \dfrac{m}{2\pi z}$ （m は実数の定数）

・速度 U の平行流中における半径 a の円柱まわりの流れ：$W = U\left(z + \dfrac{a^2}{z}\right)$

・上記に循環 Γ が加わった流れ：$W = U\left(z + \dfrac{a^2}{z}\right) + \dfrac{i\Gamma}{2\pi}\log z$

3.2.5 鏡像

ポテンシャル流れでは流線の1つを物体壁面とみなせる。平面の壁面が存在する流れは，壁面を鏡面とみなして鏡に映る複素速度ポテンシャル（鏡像の複素速度ポテンシャルと呼ばれる）を新たに置くことで表現できる。例えば，図8.2のように複素平面上において，x 軸が壁面で $(0, ai)$ の座標に流量 q の吹き出しがある場合の複素速度ポテンシャル W は以下で表される。

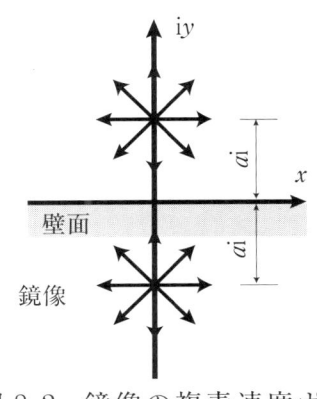

図 8.2　鏡像の複素速度ポテンシャル

$$W = \frac{q}{2\pi}\log(z - ai) + \underbrace{\frac{q}{2\pi}\log(z + ai)}_{\text{鏡 像}}$$

3.2.6 誘導速度

図8.3に示すように，循環 Γ を有する渦系（1.2.2項説明参照）は距離 r 離れた位置に速度 $v=\dfrac{\Gamma}{2\pi r}$ の流れを誘起する．渦糸が誘起するこの速度を誘導速度と呼ぶ．

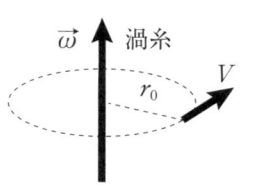

図8.3　誘導速度

例題 8.1　x, y を実数，i を虚数単位として，複素数 z を $z=x+iy$ で表す．以下の問いに答えよ．

(1) z に関する以下の関数の実部と虚部を x と y で表せ．

  (a) z^2 (b) $\dfrac{1}{z}$ (c) $\dfrac{1}{z^2}$

(2) 複素数 $z=x+iy$ を演図8.1に示すように複素平面上に表す．また，示す r と角度 θ を用い，さらにオイラーの公式を適用すると z を $z=re^{i\theta}=r(\cos\theta+i\sin\theta)$ と表すことができる．この式を用いて，(1)の(a)〜(c)の関数の実部と虚部を r と θ で表せ．

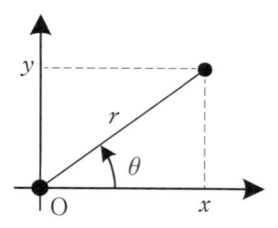

演図8.1　複素平面

解答

(1)の(a) $z^2=(x+iy)^2=\underset{\text{実部}}{\underline{(x^2-y^2)}}+\underset{\text{虚部}}{\underline{2xy}}i$

(1)の(b) $\dfrac{1}{z}=\dfrac{1}{x+iy}=\dfrac{x-iy}{(x+iy)(x-iy)}=\underset{\text{実部}}{\underline{\dfrac{x}{x^2+y^2}}}-\underset{\text{虚部}}{\underline{\dfrac{y}{x^2+y^2}}}i$

(1)の(c) $\dfrac{1}{z^2}=\dfrac{1}{(x^3-y^2)+2xyi}=\underset{\text{実部}}{\underline{\dfrac{(x^2-y^2)}{(x^2-y^2)^2+4x^2y^2}}}+\underset{\text{虚部}}{\underline{\dfrac{-2xy}{(x^2-y^2)^2+4x^2y^2}}}i$

(2)の(a) $z^2=r^2e^{2i\theta}=\underset{\text{実部}}{\underline{r^2\cos 2\theta}}+\underset{\text{虚部}}{\underline{r^2\sin 2\theta}}i$

(2)の(b) $\dfrac{1}{z}=\dfrac{e^{-i\theta}}{r}=\underset{\text{実部}}{\underline{\dfrac{1}{r}\cos\theta}}-\underset{\text{虚部}}{\underline{\dfrac{1}{r}\sin\theta}}\cdot i$

(2)の(c) $\dfrac{1}{z^2}=\dfrac{e^{-2i\theta}}{r^2}=\underset{\text{実部}}{\underline{\dfrac{1}{r^2}\cos 2\theta}}-\underset{\text{虚部}}{\underline{\dfrac{1}{r^2}\sin 2\theta}}\cdot i$

例題 8.2　大きなタンクの中心から水が湧き出すような流れを考える．いま，中心から半径 r における半径方向の速度成分を u_r とし，湧き出す単位深さあたりの流量を q とするとき，複素速度 w および複素速度ポテンシャル W が 3.2.4 項の説明の式になることを示せ．

解答

$$q = 2\pi r \cdot u_r$$

$$u_r = \frac{q}{2\pi r}$$

$$u = u_r \cos\theta = \frac{q}{2\pi r}\cos\theta$$

$$v = u_r \sin\theta = \frac{q}{2\pi r}\sin\theta$$

ここで，$\sin\theta = \dfrac{y}{r}$，$\cos\theta = \dfrac{x}{r}$ より

$$u = \frac{q}{2\pi}\frac{x}{r^2}, \quad v = \frac{q}{2\pi}\frac{y}{r^2}$$

複素速度 w

$$w = \frac{dW}{dz} = u - iv = \frac{q}{2\pi r^2}(x - iy)$$

$z = x + iy$，$z^* = x - iy$ より
$$r^2 = x^2 + y^2 = z \cdot z^*$$

よって，$w = \dfrac{q}{2\pi r^2}(x - iy) = \dfrac{q}{2\pi} \cdot \dfrac{z^*}{z \cdot z^*} = \dfrac{q}{2\pi} \cdot \dfrac{1}{z}$

複素速度ポテンシャル W は

$$\frac{dW}{dz} = \frac{q}{2\pi} \cdot \frac{1}{z}$$

$$\Leftrightarrow W = \frac{q}{2\pi}\log z = m\log z$$

（ただし，$\dfrac{q}{2\pi} = m$ とする）

☆2　　**問題 8.1**　複素速度ポテンシャル $W(z)=\alpha z e^{-i\beta}$ を用いて以下の問いに答えよ．ただし α と β は実数であり，$\alpha>0$，$0<\beta<\dfrac{\pi}{2}$ とする．

(1) x 方向および y 方向の速度 u，v を求めよ．

(2) 座標 (x, y) における速度ポテンシャル ϕ と流れ関数 ψ を求めて，流線を簡単に図示せよ（フリーハンドでよい）．なお，流線は 4 象限に複数本描き，流れの向きを矢印で示すこと．

☆2　　**問題 8.2**　吹き出しを表す複素速度ポテンシャルを $W_1(z)=\dfrac{q}{2\pi}\log z$（$q$ は正の実数），一様流を表す複素速度ポテンシャルを $W_2(z)=Uz$（U は正の実数）として以下の問いに答えよ．

(1) $W_1(z)$ で表される流れについて，座標 (x, y) における x および y 方向の速度 u，v を x，y，q で表せ．

(2) $W_1(z)$ と $W_2(z)$ を用いて複素ポテンシャル $W_3(z)$ を $W_3(z)=W_1(z)+W_2(z)$ で定義する．$W_3(z)$ で表される流れについて，座標 (x, y) における速度 u，v を x，y，q，U で表せ．

(3) $W_3(z)$ で表される流れにおいて，速度がゼロとなる点（よどみ点）の座標 (x_0, y_0) を U と q を用いて表せ．

(4) $x<0$ の領域において，x 軸が流線となることを示せ．

(5) $W_3(z)$ で表される流れにおいて，$x=-\infty$ の位置における圧力を p_0，流体の密度を ρ，とする．$x<0$ の領域において，x 軸上におけるこの流れの圧力 $P(x)$ を x，q，ρ，U，P_0 で表せ．また，$P(x)$ が最大となる点の x 座標を示せ．

問題 8.3 演図 8.2 に示すように，粘性のない非圧縮性の流体が速度 U_∞ で半径 a の円柱を過ぎるとき，円柱表面上の任意の点 P における速度の大きさ u_θ は，ポテンシャル流れ（3.1 節説明）の理論解より，

$$u_\theta = 2U_\infty \sin\theta$$

で与えられる．ここで，θ は演図 8.2 のように円柱の前方から測った点 P の角度である．このとき，円柱に働く圧力による抵抗はゼロになることを確かめよ．

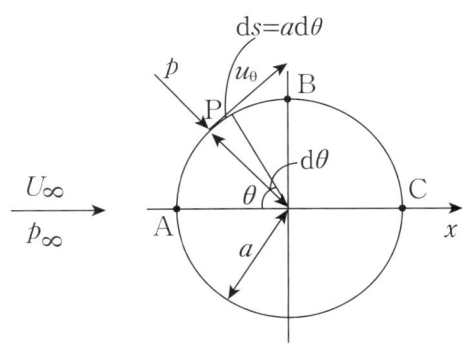

演図 8.2　円柱を過ぎる一様流れ

問題 8.4 一様流，2 重吹き出し，時計回りの自由渦による複素速度ポテンシャルを重ね合わせることにより，一様流が半径 a の回転円柱を過ぎるときの流れ場を求めよ．

☆3   **問題 8.5**　問題 8.4 の円柱に作用する抵抗と揚力を求めよ．まず半径 a の円柱表面に作用する圧力分布を一様流の流れ方向とその直交方向の要素別に積分して力（抗力 D と揚力 L）の式を求めよ．

次にポテンシャル流れでは，エネルギーが保存されると考え，無限遠方と円柱表面との間で成り立つベルヌーイの定理を求めよ．

この式に問題 8.3 の結果を代入して，揚力を求めよ．また，抗力がゼロとなる物理的理由を説明せよ．

☆2   **問題 8.6**　流れに関する条件を $\rho = 1.2$ kg/m^3，$\varGamma = 0.2$m^2/s として，密度 $\rho_c = 15$kg/m^3，半径 $a = 40$mm，長さ $\ell = 2$m の発泡スチロール製の円柱が浮遊するために必要な一様流の速度 U の値を計算せよ．ただし，重力加速度を $g = 9.80$m/s^{2}とする．

☆2　**問題8.7**　演図8.3, 8.4に示す2次元の座標系における完全流体の流れを対象として，以下の複素ポテンシャル W が表す流れについて考える．

$$W = Az^3$$

ここで，z は複素数，A は正の実数を表す．以下の問いに答えよ．

(1) 座標 (r, θ) におけるこの流れの速度ポテンシャル ϕ と流れ関数 ψ を求めよ．

(2) 座標 (r, θ) における r 方向速度 v_r と θ 方向速度 v_θ を求めよ．

(3) この流れが演図8.4に示す60°の角の間を流れる流れを表していることを示せ．

(4) この流れでは x 軸が流線となる．原点の圧力を P_0，流体の密度を ρ として x 軸上の圧力 $P(x)$ を求めよ．

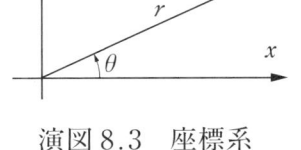

演図8.3　座標系

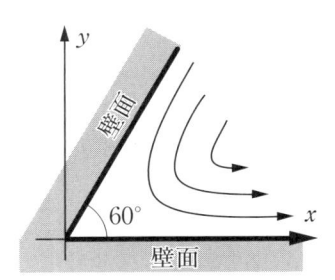

演図8.4　流線
角の間を流れる流れ

☆2　**問題8.8**　演図8.5に示すような上下左右対称の長さ $8a$ の2次元形状のベンチュリー管に空気が流れている．ベンチュリー管の中心を原点として図のように xy 座標を取り，流れを非圧縮性流れとするとベンチュリー管内の流れの流れ関数が $\psi = \dfrac{ky}{x^2 + 8a^2}$ で表される．ここで k は正の定数である．以下の問いに答えよ．

(1) 座標 (x, y) における x 方向速度 u と y 方向速度 v を示せ

(2) ベンチュリー管の狭窄部の幅は $2a$ である．入口の幅 L を a で表せ．

(3) 入口の x 軸上の圧力を P_0，空気の密度を ρ として原点における圧力 P を求めよ．

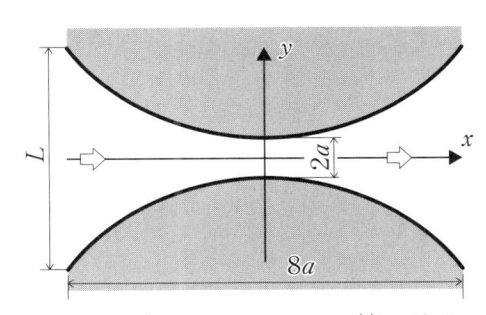

演図8.5　2次元ベンチュリー管の流れ

☆2　**問題 8.9**　完全流体の xy 座標系における 2 次元渦なし流れを対象として，以下の複素速度ポテンシャルに関する問いに答えよ．

(1) 原点に流量 q の吹き出しが存在する流れの複素速度ポテンシャル W_1 は次式で表される．ここで，z は複素数，i は虚数単位，q は正の実数を表す．W_1 が表す流れについて，座標 (x, y) の点における x 方向速度 u と y 方向速度 v を求めよ．

$$W_1 = \frac{q}{2\pi} \log z$$

(2) W_1 が表す流れでは y 軸が流線となる．無限遠の圧力を P_0 として y 軸上圧力 $P_1(y)$ を求めよ．ただし，流体の密度を ρ とする．

(3) 演図 8.6 に示すように y 軸上に平板があり，x 軸上の $x=a$ の位置に流量 q の吹き出しが存在する．この流れの複素速度ポテンシャル W_2 を示せ．

(4) W_2 が表す流れでは y 軸が流線となる．無限遠の圧力を P_0，流体の密度を ρ として，y 軸上の圧力 $P_2(y)$ を求めよ．

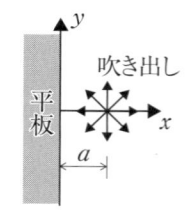

演図 8.6　平板近傍の吹き出しによる流れ

☆2　**問題 8.10**　演図 8.7 に示すように 2 次元 xy 座標系の x 軸上に平板があり，座標 $(0, L)$ の位置に循環 Γ の左回りの自由渦が存在する（図参照，L は正の実数）．この流れが完全流体の流れであるとして以下の問いに答えよ．

(1) この流れを表す複素速度ポテンシャル W を示せ．

(2) この流れの流れ関数 ψ を求めて，x 軸上が流線となっていることを示せ．

(3) 任意の座標 (x, y) における x 方向速度 u と y 方向速度 v を求めよ．

(4) 無限遠方の圧力を P_0 として，平板面上の圧力 $P(x)$ を求めよ．

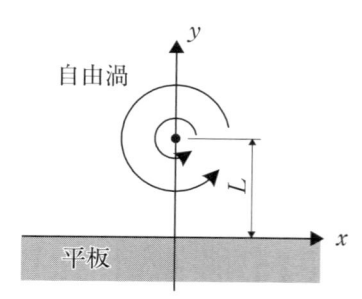

演図 8.7　平板近傍の渦による流れ

☆2　問題 **8.11**　2次元の流れ場において，渦の運動に関する以下の問いに答えよ．

　(1) 循環の絶対値 $|\Gamma|$ が等しい右回りと左回りの渦 A と渦 B が演図 8.8 に示すように配置されている．誘導速度を考慮して，渦 A，渦 B が移動する方向と速度の大きさを矢印の向きと長さで図示せよ．

　(2) 循環の絶対値 $|\Gamma|$ が等しい右回りと左回りの渦 A〜D が演図 8.9 に示すように等間隔で一直線上に配置されている．渦 A〜D が移動する方向と速度の大きさを矢印の向きと長さで図示せよ．

　(3) 演図 8.10 に示すように，右回りの渦の下側近傍に壁面が存在すると，この渦は左側に動く．その理由を説明せよ．

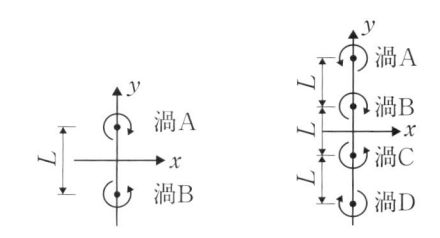

演図 8.8　2つの渦　演図 8.9　4つの渦

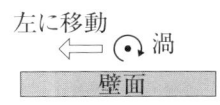

演図 8.10　壁面付近の渦

53

☆2　　　**問題8.12**　2次元の流れ場において，渦の運動に関する以下の問いに答えよ．

　(1) 循環の大きさが等しい2つの右回りの渦Aと渦Bが演図8.11(1)のように配置されている．誘導速度を考慮して，渦A，渦Bが移動する方向と速度の大きさを矢印の向きと長さで図示せよ．解答用紙に演図8.11(1)を写して描き，矢印を記入せよ

　(2) 循環の大きさが等しい4つの右回りの渦A〜Dが演図8.11(2)のように正方状に配置されている．渦A〜Dが移動する方向と速度の大きさを矢印の向きと長さで図示せよ．

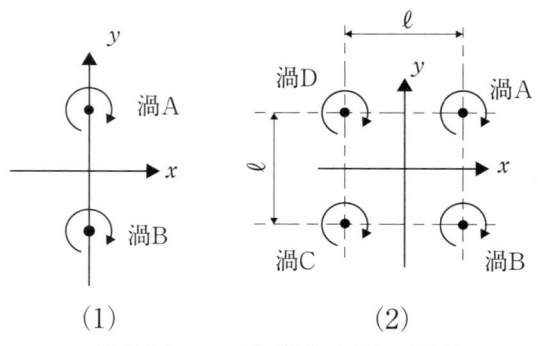

(1)　　　　　　　　(2)

演図8.11　隣接する渦の運動

運動方程式（ナビエ・ストークスの方程式）を用い，流れ場を解析する力を身につける．

例として平行平板間の発達した2次元層流流れを取り上げ，速度場の解析手順を述べる．以下に示す2次元非圧縮流れにおける連続の方程式と運動方程式（ナビエ・ストークスの方程式）を用いる（2.1節の説明参照）．

$$\frac{\partial u}{\partial x}+\frac{\partial v}{\partial y}=0 \tag{A}$$

$$\frac{\partial u}{\partial t}+u\frac{\partial u}{\partial x}+v\frac{\partial u}{\partial y}=-\frac{1}{\rho}\frac{\partial p}{\partial x}+\nu\left(\frac{\partial^2 u}{\partial x^2}+\frac{\partial^2 u}{\partial y^2}\right) \tag{B}$$

$$\frac{\partial v}{\partial t}+u\frac{\partial v}{\partial x}+v\frac{\partial v}{\partial y}=-\frac{1}{\rho}\frac{\partial p}{\partial y}+\nu\left(\frac{\partial^2 v}{\partial x^2}+\frac{\partial^2 v}{\partial y^2}\right) \tag{C}$$

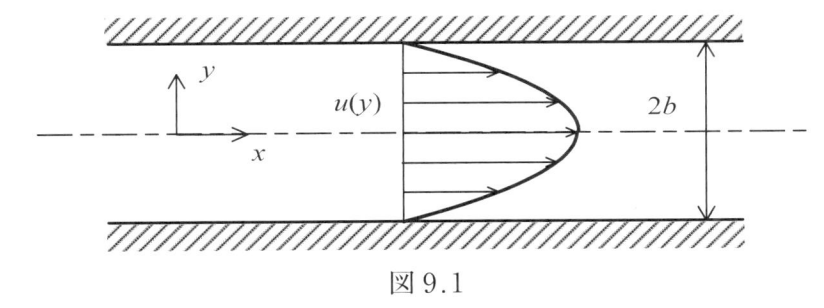

図 9.1

まず，考察する系について，種々の条件を書き下す．
（1）定常な流れである．
（2）流れ方向（x 方向）に発達した流れである．
（3）$v=0$ である．
（4）壁面において速度はゼロとなる（すべりなし条件）．

（1），（2）より，式（A）中の $\dfrac{\partial u}{\partial x}=0$ となり，$u\equiv u(y)$ が成り立つ．（1），（2），（3）と $u\equiv u(y)$ を式（B），（C）に用いると，次式が得られる．

$$0=-\frac{1}{\rho}\frac{\partial p}{\partial x}+\nu\frac{\mathrm{d}^2 u}{\mathrm{d}y^2} \tag{D}$$

$$0=-\frac{1}{\rho}\frac{\partial p}{\partial y} \tag{E}$$

式（E）より，$P\equiv P(x)$ となり，式（D）右辺第1項は，$-\dfrac{1}{\rho}\dfrac{\mathrm{d}p}{\mathrm{d}x}$ と書き換えることができる．このとき，式（D）右辺の2つの項は，それぞれ定数でなければならないことに注意する．式（D）を y について2回積分すると，

$$u=\frac{1}{2\mu}\frac{\mathrm{d}p}{\mathrm{d}x}y^2+C_1 y+C_2 \,(\rho\nu=\mu に注意)$$

境界条件として（4）を考えると，$y=\pm b：u=0$．この条件より，定数 C_1，C_2 が決定でき，速度 u の分布が以下のように求められる．

$$u=-\frac{1}{2\mu}\frac{\mathrm{d}p}{\mathrm{d}x}(b^2-y^2)$$

例題 9.1 流路高さ 1cm の平板間流れにおいて，ある液体(密度 $\rho = 900\text{kg/m}^3$)を流したところ，単位幅当たりの体積流量が $10^{-3}\text{m}^2/\text{s}$，壁面せん断力 $\tau_W = 0.054\text{N/m}^2$ であった．この液体の動粘度 $\nu\ [\text{m}^2/\text{s}]$ の値を計算せよ．

解答 4.1 節の説明より，流路高さ $2b$ の平行 2 平板間流れにおいて，発達した層流の速度分布は次式で与えられる．

$$u = -\frac{1}{2\mu}\left(\frac{\mathrm{d}p}{\mathrm{d}x}\right)(b^2 - y^2)$$

上式より，流量 Q は，次のように求められる．

$$Q = \int_{-b}^{b} u\,\mathrm{d}y = -\frac{2}{3\mu}\left(\frac{\mathrm{d}p}{\mathrm{d}x}\right)b^3$$

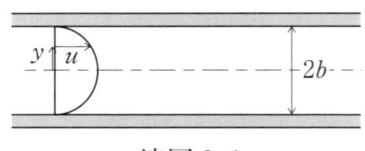

演図 9.1

$b = 5 \times 10^{-3}\text{m}$，$Q = 10^{-3}\ \text{m}^2/\text{s}$ より，次の関係を得る．

$$\mu = -\frac{250}{3}\left(\frac{\mathrm{d}p}{\mathrm{d}x}\right) \times 10^{-6} \tag{A}$$

また，壁面せん断力 τ_W は，

$$\tau_W = \mu\frac{\mathrm{d}u}{\mathrm{d}y}\Big|_{y=-b} = -b\left(\frac{\mathrm{d}p}{\mathrm{d}x}\right)$$

$\tau_W = 0.054\text{N/m}^2$ より，

$$-\left(\frac{\mathrm{d}p}{\mathrm{d}x}\right) = 10.8\text{N/m}^3 \tag{B}$$

式(B)を(A)に代入して μ を求めることができる．動粘度 ν は，

$$\nu \equiv \frac{\mu}{\rho} = \frac{1}{900} \times \frac{250}{3} \times 10.8 \times 10^{-6} = 1.0 \times 10^{-6}\text{m}^2/\text{s}$$

例題 9.2 演図 9.2 に示すように，互いに逆方向にゆっくりと等速水平移動する，2 枚の無限平板間の流れを考える．以下の問いに答えよ．ただし，流れ場は定常と仮定する．

(1) 連続の方程式を用い，流れ方向速度は，$u \equiv u(y)$ となることを示せ．

(2) 流れ方向の運動方程式を求めよ．

(3) (2)で求めた方程式を適当な境界条件の下に解き，流れ方向速度の分布を求めよ．また，x 方向の正味の流量がゼロとなるのはいかなるときか答えよ．

解答 4.1 節の説明中の連続の方程式(A)と，2 次元ナビエ・ストークスの方程式(B), (C)を用いる．$v=0$ ならびに圧力は流れ場中で一定と仮定する．

(1) $v=0$ を連続の方程式(A)に代入すると，

$$\frac{\partial u}{\partial x}=0 \quad \therefore u \equiv u(y) \qquad \text{(A)}$$

(2) 上の関係を 4.1 節の式(B)に用いると，x 方向運動方程式として次式が得られる．

$$0=\nu\frac{\partial^2 u}{\partial y^2} \qquad \text{(B)}$$

$u \equiv u(y)$ より，$\dfrac{d^2 u}{dy^2}=0$ \qquad (C)

(3) (2)で求めた微分方程式を y で 2 回積分すると，

$$u=Cy+C'$$

境界条件は，

$$y=b : u=U_1$$
$$y=-b : u=-U_2$$

積分定数 C, C' を求めると，

$$u=\frac{(U_1+U_2)y}{2b}+\frac{(U_1-U_2)}{2}$$

単位幅当たりの流量 Γ は次式より計算できる．

$$\Gamma=\int_{-b}^{b} u\,\mathrm{d}y=\int_{-b}^{b}\left\{\frac{(U_1+U_2)y}{2b}+\frac{(U_1-U_2)}{2}\right\}\mathrm{d}y=b(U_1-U_2)$$

$\Gamma=0$ となるのは，$U_1=U_2$ のときである．

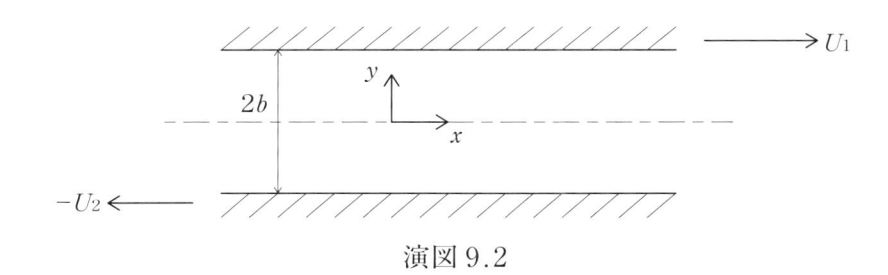

演図 9.2

☆2　**問題 9.1**　円管内の発達した層流流れにおいて，管軸方向速度分布は，問題 5.3 の解のように
$u = -\dfrac{1}{4\mu}\dfrac{\mathrm{d}p}{\mathrm{d}z}(R^2 - r^2)$　と表される（R は管半径，r は半径方向座標）．以下の問いに答えよ．

(1) 体積流量 $Q\,[\mathrm{m^3/s}]$ を求めよ．

(2) 距離 L の間の圧力降下 Δp を用い，$-\dfrac{\mathrm{d}p}{\mathrm{d}z} = \dfrac{\Delta p}{L}$ とする．平均流速 $u_m = \dfrac{Q}{\pi R^2}$ として，管摩擦係数 λ（2.3 節の説明参照）の定義式，$\dfrac{\Delta p}{\rho g} = \lambda\dfrac{L}{d}\dfrac{u_m^2}{2g}$ より，$\lambda = \dfrac{64}{\mathrm{Re}}$，$\left(\mathrm{Re} = \dfrac{2Ru_m}{\nu}\right)$ を導け．

☆3　**問題 9.2**　演図 9.3 に示すような垂直平板を流下する定常な 2 次元液膜流れを考える．x 方向には重力が作用し，$v = 0$ および液膜表面（$y = \delta$）で，速度勾配 $\dfrac{\partial u}{\partial y} = 0$ を仮定する．また，圧力は液膜内で一定とし，液膜表面に凹凸はないものとする．以下の問いに従い，液膜内の速度分布および液膜厚さを求めよ．

(1) 連続の方程式より $u \equiv u(y)$ となることを示せ．

(2) x 方向運動方程式と境界条件から，液膜内速度分布が，
$u = \dfrac{g}{2\nu}(2\delta y - y^2)$ となることを示せ．

(3) 紙面に垂直方向単位幅当たりの体積流量を $\Gamma\,[\mathrm{m^2/s}]$ としたとき，液膜厚さが，$\delta = \left(\dfrac{3\nu\Gamma}{g}\right)^{1/3}$ となることを示せ．

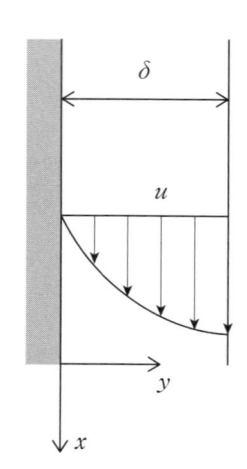

演図 9.3

ヒント）連続の方程式と重力を加えた 2 次元ナビエ・ストークスの方程式から，ゼロとなる項を落として微分方程式を導く．

☆3 **問題9.3** 演図9.4に示すような回転2重円筒内の2次元流れを考える．半径 a の内側円筒は角速度 ω で回転しており，固定された外側円筒との隙間を d とする．外力はなく，流れは定常で周方向速度成分のみを考える．円柱座標系に対する方程式を用い，この流れ場を以下の手順で解析せよ．

(1) 周方向速度は $u_\theta \equiv u_\theta(r)$ となることを示せ．また半径方向運動方程式を変形して次式となることを示し，流体に作用する力の釣り合いについて簡単に説明せよ．

$$\frac{\rho u_\theta{}^2}{r} = \frac{\mathrm{d}P}{\mathrm{d}r}$$

(2) 周方向運動方程式を適当な境界条件の下に解き，u_θ の分布を求めよ．

ヒント）2.2節の説明で示した円筒座標系の連続の方程式とナビエ・ストークスの方程式から考察を行う．

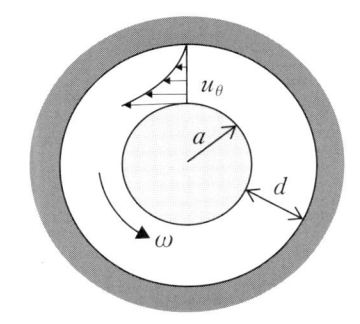

演図9.4

☆3 **問題9.4** 静止流体中，$y=0$ の位置に置かれた無限平板が，時刻 $t=0$ に，x 方向に速度 U の等速運動を急激に開始した．平板の上の流体に対する運動方程式を求め，x 方向の速度 u が次式により与えられることを示せ（ストークスの第1問題）．

$$u = \frac{2}{\sqrt{\pi}} U \int_\eta^\infty \exp(-\eta^2)\mathrm{d}\eta, \quad (\eta = \frac{y}{2\sqrt{\nu t}})$$

$$（ただし，\int_0^\infty \exp(-\eta^2)\mathrm{d}\eta = \frac{\sqrt{\pi}}{2} \quad である）$$

ヒント）連続の方程式と2次元ナビエ・ストークスの方程式から，ゼロとなる項を落として微分方程式を導く．

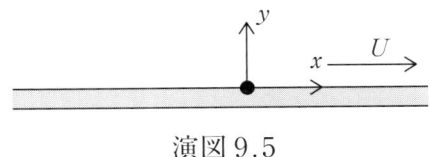

演図9.5

☆4 **問題 9.5** 静止流体中，$y=0$の位置に置かれた無限平板が

$$u = U_0 \cos \omega t$$

の振動をしている（ストークスの第2問題）．このときのナビエ・ストークスの方程式は

$$\frac{\partial u}{\partial t} = \nu \frac{\partial^2 u}{\partial y^2}$$

で表されるが，解は

$$u = U_0 \mathrm{e}^{-ky} \cos(\omega t - ky)$$

であることが分かっている．kの値を求めよ．

☆2 **問題 9.6** 流路高さの$2b$の平行2平板間流れにおいて，水力直径D_hに基づくレイノルズ数Re_hを用いると管摩擦係数λが次式で表されることを示せ．

$$\lambda = \frac{96}{\mathrm{Re}_h}, \quad \mathrm{Re}_h = \frac{v_m D_h}{\nu}$$

ここで水力直径は，円形断面以外の管路で用いられ，次式で定義される．

$$D_h = \frac{4A}{W}$$

Aは管断面積，Wは流体が濡らす濡れ縁長さを表す．平行2平板間流れでは，板のスパン方向幅をBとすれば，

$$D_h = \lim_{B \to \infty} \frac{4 \times 2bB}{2(B+2b)} = 4b$$

となる．

☆2 　**問題 9.7**　同心 2 重円管内の流れの層流を記述する運動方程式は問題 5.3 の解答中の式（E）と同じ次式で与えられる．速度分布 $u(r)$ を求めよ．

$$\frac{1}{r}\frac{\mathrm{d}}{\mathrm{d}r}\left(\mu r\frac{\mathrm{d}u}{\mathrm{d}r}\right)=\frac{\mathrm{d}p}{\mathrm{d}z}$$

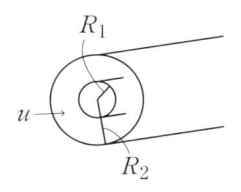

演図 9.6

☆3 　**問題 9.8**　長い円筒の外側を液膜が降下している．液膜の厚さは z 方向に変化せず，一定であると仮定して運動方程式を導き，z 方向速度 v_z が次式に与えられることを示せ．

$$v_z=\frac{\rho gR^2}{4\mu}\left[1-\left(\frac{r}{R}\right)^2+2\alpha^2\ln\left(\frac{r}{R}\right)\right]$$

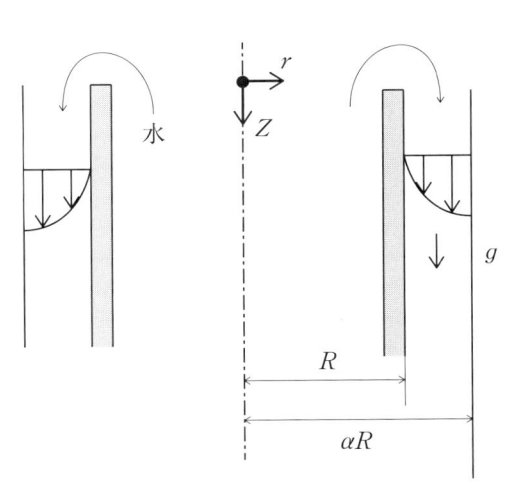

演図 9.7

☆2 **問題 9.9** 問題 9.3 と関連するが，回転二重円管内の層流において，内側と外側の円筒の角速度がそれぞれ，Ω_i，Ω_oのとき速度v_θの分布を求めよ．

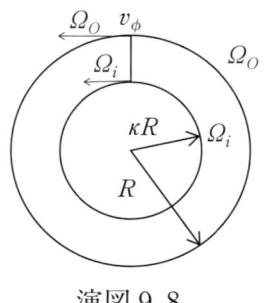

演図 9.8

チェック項目

	月　日	月　日
運動方程式(ナビエ・ストークスの方程式)を用い，流れ場を解析する力をつける．		

レイノルズ数が小さい流れについて学ぶ

レイノルズ数が小さいとき（遅い流れのとき），慣性項の影響は粘性項に比べて無視できるほど小さくなる．すなわち，2.1 節のナビエ・ストークスの方程式（体積力なし）は次式のように近似される．

$$\frac{\partial u}{\partial t} = -\frac{1}{\rho}\nabla p + \nu \nabla^2 u \tag{A}$$

この方程式をストークスの方程式という．このストークス近似のもと，一様流が半径 a の円柱を過ぎる 2 次元定常流れを解析すると，速度場は無限遠方（$r \to \infty$）で $u \sim \log r$ となり発散する．これをストークスのパラドックスという[1]．

いま，無限遠方（$r/a \to \infty$）での慣性項 $(u \cdot \nabla)u$ のオーダを考えてみると（一様流が半径 a の球を過ぎる場合，ストークス解 $u = U + \tilde{u}$ の $\tilde{u}$ のオーダ $\tilde{u} = O(Ua/r)$ を考えると，$r \to \infty$ のとき $\tilde{u} \to 0$ となり，速度 u が一様流 U に漸近することから，

$$（慣性）= (u \cdot \nabla)u \sim U\frac{\partial}{\partial r}\left(\frac{Ua}{r}\right) \sim U\left(\frac{Ua}{r^2}\right) \sim \frac{U^2 a}{r^2} \tag{B}$$

となる．一方，粘性項のオーダは

$$（粘性）= \nu \nabla^2 u \sim \nu \frac{\partial^2}{\partial r^2}\left(\frac{Ua}{r}\right) \sim \nu \frac{Ua}{r^3} \tag{C}$$

である．式(B)と式(C)の比をとると，

$$\frac{（粘性）}{（慣性）} = \frac{\nu \nabla^2 u}{(u \cdot \nabla)u} \sim \frac{\nu Ua/r^3}{U^2 a/r^2} \sim \frac{\nu}{Ur} \sim \frac{\nu}{Ua}\frac{a}{r} \sim \frac{1}{\mathrm{Re}}\frac{a}{r} \tag{D}$$

である．ストークス近似では，$\mathrm{Re} \ll 1$ のとき（Re は 2.3 節の説明参照），粘性項に比べ慣性項は十分小さくなる必要があるが，式(D)から $r \sim O(1/\mathrm{Re})$ のときその仮定が破綻することが分かる．これは，球から十分離れた遠方場ではストークス近似は使えないことを示唆している．このような矛盾を避けるために，オゼーン（Oseen）はナビエ・ストークスの方程式の慣性項を無視するのではなく，$(u \cdot \nabla)u \approx (U \cdot \nabla)u$ とおく近似を提案した．これをオゼーン近似といい，この近似を施した，

$$\frac{\partial u}{\partial t} + U\frac{\partial u}{\partial x} = -\frac{1}{\rho}\nabla p + \nu \nabla^2 u \tag{E}$$

をオゼーン方程式という．

なお，ストークス解から球に働く抵抗を求めると，

$$C_D = 24/\mathrm{Re} \tag{F}$$

となる．これをストークスの抵抗法則といい，$\mathrm{Re} \leq 1$ の範囲で適用できる．

オゼーン近似を用いると，次式のように右辺第二項に修正項が追加される．

$$C_D = (24/\mathrm{Re})[1 + (3/16)\mathrm{Re}] \tag{G}$$

さらなる高次近似解は，Proudman & Pearson によって特異摂動法を用いた解析により求められている．

1）一様流が球を過ぎる 3 次元流れでは，ストークスの方程式は発散することなく解を求めることができる．これは特異摂動法による解析手順に関係する．2 次元流れの場合，まず内部解がすべりなしの条件のもとで決まるが，外部流れは無限遠方で一様流に収束するという条件を満たすために，内部解は 1/logRe で漸近展開しなくてはならない．一方，3 次元流れの場合，外部流れの第 1 次近似解が一様流であり，これと接続する内部解がすべりなしの条件のもとでストークスの方程式から求められる．したがって，3 次元流れの場合でも，第 2 次近似解を求める際にストークスのパラドックスと同様の問題が生じる．これをホワイトヘッド（Whitehead）のパラドックスという．

例題 10.1 粘性係数 $\mu=0.686\mathrm{Pa}\cdot\mathrm{s}$，密度 $800\mathrm{kg/m^3}$ の油中を，密度 $7800\mathrm{kg/m^3}$，半径 $R=1\mathrm{mm}$ の鉄の球が鉛直下向きに自由落下する場合を考える．粘性抵抗 $F_S[\mathrm{N}]$ に関する以下のストークスの法則を用い，以下の問いに答えよ．

　　　ストークスの法則：$F_S=6\pi\mu R U_\infty$　　（F_S：流体から受ける粘性抗力）

(1) 時刻 $t=0$ において速度ゼロから自由落下を開始するとき，球の速度を決める微分方程式を書け．その解より速度の時間変化を求めよ．

(2) 鉄球の終端速度を求めよ．

<u>ヒント）</u>鉄球に作用する重力，浮力，粘性抗力の合力が加速度に等しいとして，微分方程式を求めよ．

解答

(1) 力学の方程式は，（質量）×（球の加速度）＝（重力）－（浮力）－（粘性力）の関係から求めることができる．ストークスの法則を用いると，球の速度 U について次の微分方程式が得られる．

$$\frac{4\pi R^3}{3}\rho_I\frac{\mathrm{d}U}{\mathrm{d}t}=\frac{4\pi R^3 g}{3}(\rho_I-\rho)-6\pi\mu R U \tag{A}$$

ここで，ρ_I は鉄の密度，ρ は油の密度で，R は球の半径である．上式の一般解は，斉次方程式の基本解と，特解の重ね合わせより求められる．斉次方程式

$$\frac{4}{3}\pi R^3\rho_I\frac{\mathrm{d}U}{\mathrm{d}t}+6\pi\mu R U=0 \tag{B}$$

の基本解は $\mathrm{e}^{\lambda t}$ により与えられる．λ に対する特性方程式は次式となる．

$$\frac{4}{3}\pi R^3\rho_I\lambda+6\pi\mu R=0$$

上式より，式(B)の一般解 U_1 は次式となる．

$$U_1=C\exp\left(-\frac{9\mu t}{2\rho_I R^2}\right)$$

また，式(A)の特解 U_2 は，

$$U_2=\frac{2R^2 g}{9\mu}(\rho_I-\rho)$$

したがって，式(A)の一般解は，次式となる．

$$U\equiv U_1+U_2=C\exp\left(-\frac{9\mu t}{2\rho_I R^2}\right)+\frac{2R^2 g}{9\mu}(\rho_I-\rho)$$

初期条件として，次式を考えることができる．

$$t=0：U=0$$

上の関係を満足するような定数 C を求めると，一般解は次式となる．

$$U=\frac{2R^2 g}{9\mu}(\rho_I-\rho)\left\{1-\exp\left(-\frac{9\mu t}{2\rho_I R^2}\right)\right\}$$

(2) 前問の答において，$t\to\infty$ における終端速度は，

$$U_\infty=\frac{2R^2 g}{9\mu}(\rho_I-\rho) \tag{C}$$

式(A)から分かるように，これは粘性力が（重力－浮力）と釣り合い，左辺の速度変化 $=0$ となるときの速度である．

上式中の各パラメータに，問題で与えられた値を代入すると，

$$U_\infty=22.2\mathrm{mm/s}$$

例題 **10.2** 例題 10.1 の鉄球の自由落下で，密度が同じで粘性係数が異なる液体中での終端速度を調べたところ，76.2mm/s であったという．この液体の粘性係数を求めよ．

ヒント）終端速度における力の釣り合いを考える．

解答

ストークスの法則が成り立つと仮定すれば，例題 10.1 (2)答えの式(C)の終端速度(粘性力 ＝ 重力 － 浮力)より，次の関係が成り立つ．

$$76.2 \times 10^{-3} = \frac{2 \times 10^{-6} \times 9.80}{9\mu}(7800 - 800)$$

上式より，$\mu = 0.2 \text{Pa·s}$

ここで，レイノルズ数を求めると，$\mathrm{Re} = \dfrac{800 \times 2 \times 10^{-3} \times 0.0762}{0.2} = 0.61 < 1$ となり，ストークスの法則を適用してよい．

☆1　**問題 10.1**　物体に加わる抗力 F は，次の抗力係数 C_D を用いて議論される（4.4 節説明参照）

$$C_D = \frac{F}{\frac{1}{2}\rho U_\infty^2 A} \quad (F：抗力, \quad U_\infty：速度, \quad A：物体の投影面積)$$

　球が一様な速度 U_∞ を有する粘性流体中に置かれたとき（Re≦1）に球に働く力はストークスによって導かれ，

$$F_D = 6\pi\mu R U_\infty$$

で与えられる．抵抗係数 C_D に対する式をレイノルズ数 Re の関数として求めよ．ただし Re は次式で与えられる．

$$\mathrm{Re} = \frac{U_\infty D}{\nu}$$

ここで，D は直径，ν は動粘度である．

☆1　**問題 10.2**　一様な速度U_∞を有する非常に遅い粘性流体に置かれた円柱の単位長さあたりに働く力F_Dはオゼーン近似に基づくと次式で与えられる.

$$F_D = \frac{8\pi\mu U_\infty}{2S+1}$$

$$S = \ln\frac{8}{\mathrm{Re}} - \gamma$$

$$\gamma \fallingdotseq 0.5772$$

$$\mathrm{Re} = \frac{2aU_\infty}{\nu}$$

ここで，γはオイラー定数，aは円柱の半径である．抵抗低数C_Dを求めよ．なおSはそのまま用いてよい.

☆3　**問題 10.3**　小さな球形粒子が沈降をはじめてから，定常状態に達するまでの過程に着目する．レイノルズ数Re_pが1よりも小さい場合の運動方程式は

$$\frac{\mathrm{d}u}{\mathrm{d}t} = \frac{\rho_p - \rho_L}{\rho_p + \rho_L/2}g - \frac{u}{\tau}$$

$$\tau = \frac{d_p^2(\rho_D + \rho_L/2)}{18\mu}$$

で与えられる．この微分方程式を解けば，速度が

$$U = U_\infty + \mathrm{e}^{-t/\tau}(u - u_\infty)$$

$$U_\infty = (\rho_p - \rho)\mathrm{d}\rho^2 g/(18\mu)$$

となることを示せ．ここで，uは粒子の速度[m/s]，tは時間[s]，ρ_pは粒子の密度[kg/m^3]，ρ_Lは液体の密度[kg/m^3]，gは重力加速度9.80m/s^2，τは緩和時間，d_pは粒子径 [m]，μは粘度[Pa·s]である.

　空気中を浮遊する微粒子は，気流との相対速度が小さいため，通常，低レイノルズ数流れとして扱われることは既に述べた．浮遊粒子を球形としたとき，粒子の運動方程式はニュートンの第2法則から，

$$m_p \frac{\mathrm{d}v_p}{\mathrm{d}t} = (\rho_p - \rho_f)V_p g + F(t) \tag{A}$$

のように記述される．ここで，m_p は粒子の質量（$m_p = \rho_p V_p$），v_p は粒子の運動速度，V_p は粒子の体積（粒子の半径を a としたとき，$V_p = (4/3)\pi a^3$），ρ_p は粒子の密度，ρ_f は流体の密度，g は重力加速度，$F(t)$ は粒子が流体から受ける力である．式(A)の右辺第1項は粒子の自重と浮力の差を表している．低レイノルズ数流れの場合，粒子が流体から受ける力 $F(t)$ は次式のように記述される（Basset, Boussinesq & Oseen（BBO）による表現）．

$$F(t) = -6\pi\mu a U(t) - 6\mu a^2 \sqrt{\pi/v} \int_{-\infty}^{t} \dot{U}(t') \frac{\mathrm{d}t'}{\sqrt{t-t'}} - \frac{2}{3}\pi\rho f a^3 \frac{\mathrm{d}U}{\mathrm{d}t} \tag{B}$$

上式の右辺第1項は定常のストークス抵抗（$C_D = 24/\mathrm{Re}$），第2項はバセットによる時間履歴項，第3項は付加質量による力を表している．第2項のバセット項は非定常のストークス方程式から導出される．なお，式(B)は粒子のブラウン運動が問題となるような極めて小さな粒子には適用できないことに注意されたい．

　式(A)は粒子の並進運動に関する運動方程式である．粒子が回転運動をするとき，粒子には揚力が働く（マグヌス（Magnus）効果といわれる）．このマグヌス力を見積もるためには，粒子の回転運動に関する運動方程式を解く必要があるが，本書では割愛する．

チェック項目

	月　日	月　日
レイノルズ数が小さい流れについて学ぶ．		

壁面近傍に形成される境界層について学ぶ.

無限平板が急に発進するとき，平板から厚み $\delta \fallingdotseq 3.64\sqrt{\nu t}$ の範囲で粘性の影響が効き，その領域を境界層と呼ぶ．この境界層厚さ δ は，代表長さを L，代表速度を U，$t=x/U$ としたとき，$\delta \propto \sqrt{\nu t}=\sqrt{\nu(x/U)}=\sqrt{[\nu/(UL)]xL}=L\sqrt{(x/L)(1/\mathrm{Re})}$ のように変形できることを考慮すると，$\delta/L \propto \sqrt{x/L}\sqrt{1/\mathrm{Re}}$ であることが分かる．つまり，境界層厚さはレイノルズ数の $-1/2$ 乗に比例して薄くなる．

一般に，レイノルズ数が非常に大きいとみなしてナビエ・ストークスの方程式の漸近解を求めるとき，流れ場の全領域で一様に有効な解を得ることはできず，境界層解（局所解）が必要となる．実際，$\mathrm{Re} \gg 1$ のとき，境界層厚さは非常に薄い（$y \ll 1$）ことから $y \sim O(1/\mathrm{Re}^{\alpha})$ として，2次元ナビエ・ストークスの方程式の x 方向成分に対して，境界層内でそのオーダを考えてみると次式のようになる．

$$\underbrace{\frac{\partial u}{\partial t}}_{O(1)}+\underbrace{u\frac{\partial u}{\partial x}}_{O(1)}+\underbrace{v\frac{\partial u}{\partial y}}_{\substack{O(\mathrm{Re}^{\alpha})\\O(v\mathrm{Re}^{\alpha})}}=-\underbrace{\frac{\partial p}{\partial x}}_{O(1)}+\frac{1}{\mathrm{Re}}\underbrace{\left(\underbrace{\frac{\partial^2 u}{\partial x^2}}_{O(1)}+\underbrace{\frac{\partial^2 u}{\partial y^2}}_{O(\mathrm{Re}^{2\alpha})}\right)}_{O(\mathrm{Re}^{2\alpha-1})} \tag{A}$$

式(A)の左右両辺の各項が意味を持つためには，各項のオーダが $O(1)$ である必要があり，それを満たすためには，上式中の粘性項から $\alpha=\dfrac{1}{2}$ となることが分かる．そのとき，式(A)の左辺第3項は $O(v\sqrt{\mathrm{Re}})$ となることから，$v=O(1/\sqrt{\mathrm{Re}})$ である必要がある[1]．このようにして決定された $\alpha=\dfrac{1}{2}$ は，上述の物理的イメージから推察された $\delta \propto \sqrt{1/\mathrm{Re}}=\sqrt{\dfrac{\nu L}{U}}$ と合致していることが確認される．

このように，粘性流体を表すナビエ・ストークスの方程式は一つのスケールのみでは解を得ることができず，境界層と外部流れ（ポテンシャル流れ）に分けて，それぞれの領域で解を求める必要がある[2]．それぞれの領域で求められた解は，境界層の外縁で接続され，その結果，全領域で有効な解が得られることになる．

式(A)で調べたように，$|\partial u/\partial y| \gg |\partial u/\partial x|$，$|v| \ll 1$ のもとで，2次元のナビエ・ストークスの方程式（2.1節説明式(C)参照）は次式のように記述される．

$$\frac{\partial u}{\partial t}+u\frac{\partial u}{\partial x}+v\frac{\partial u}{\partial y}=-\frac{1}{\rho}\frac{\partial p}{\partial x}+\nu\frac{\partial^2 u}{\partial y^2} \tag{B}$$

$$0=-\frac{1}{\rho}\frac{\partial p}{\partial y} \tag{C}$$

この式はプラントル（Prandtl）によって初めて導かれ，境界層方程式と呼ばれている．式(C)から，圧力は y 方向に変化しない．さらに，$|v| \ll |u|$ より，境界層外縁では u のみの条件を課し，その速度を U とすると，境界層の外側ではオイラーの運動方程式（2.1節説明式(B)参照）が成立することから，式(B)は

$$\frac{\partial u}{\partial t}+u\frac{\partial u}{\partial x}+v\frac{\partial u}{\partial y}=\nu\frac{\partial^2 u}{\partial y^2}+\frac{\partial U}{\partial t}+U\frac{\partial U}{\partial x} \tag{D}$$

のように表される．

　2次元定常境界層流れでは，式(D)と非圧縮流体の連続の式より，次の2式から速度場 (u, v) が決定される．

$$u\frac{\partial u}{\partial x}+v\frac{\partial u}{\partial y}-U\frac{\mathrm{d}U}{\mathrm{d}x}=\nu\frac{\partial^2 u}{\partial y^2} \tag{E}$$

$$\frac{\partial u}{\partial x}+\frac{\partial v}{\partial y}=0 \tag{F}$$

境界層の特性量としては，次のようなものがある．

・排除厚さ（δ_D）：

$$\delta_D=\int_0^\infty\left(1-\frac{u}{U}\right)\mathrm{d}y \tag{G}$$

式(G)を$U\delta_D=\int_0^\infty(U-u)\mathrm{d}y$のように変形する．そのとき，一様流が流れる場合に比べ，境界層の影響で$U\delta_D$（ここで，$\int_0^\infty(U-u)\mathrm{d}y$は図11.1において灰色で示される領域の面積を表すことに注意せよ）だけ流量が少なくなる．なお，式(G)の積分区間の上限が無限大になっているのは，境界層内部からみたとき，境界層外縁は$y\to\infty$だからである．

・運動量厚さ（δ_M）：

$$\delta_M=\int_0^\infty\frac{u}{U}\left(1-\frac{u}{U}\right)\mathrm{d}y \tag{H}$$

式(H)の両辺に密度ρを掛け，$\rho U^2\delta_M=\rho\int_0^\infty u(U-u)\mathrm{d}y$のように変形すると，$\rho U^2\delta_M$は境界層による運動量の減少量に対応することが分かる．

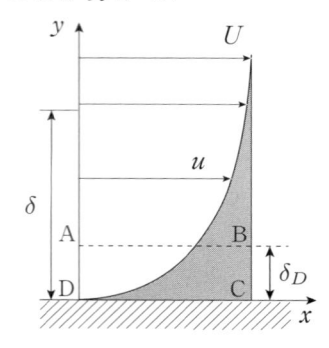

図11.1　排除厚さδ_D．長方形 ABCD の面積（$U\delta_D$）は灰色の面積（$\int_0^\infty(U-u)\mathrm{d}y$）と等しい．

1）通常，vのオーダは連続の方程式$\partial u/\partial x+\partial v/\partial y=0$から評価される．式(A)と同様にして，連続の方程式の左辺が釣り合うためには$v=O(1/\sqrt{\mathrm{Re}})$である必要がある．
2）実際，対象としている流れ場において，境界層のような局所領域が流れ場のどこに存在するのかを決定することが非常に重要となるが，ここで扱う無限平板を過ぎる流れの場合，その流れ場は単純で，平板近傍の境界層とその外部流れのみで決定される．

[例題] **11.1**　以下の問いをできるだけ式を使わずに答えよ.

(1) ある物体まわりの境界層流れを考える. 主流速度が増加すると, 境界層厚さは厚くなるか薄くなるか, 理由とともに答えよ.

(2) 熱い湯の中で体を動かすと, 静止状態より熱く感じる. 湯から体に伝わる熱量は, 身体表面での温度勾配に比例すること, および(1)との類推から, この理由について考察せよ.

[解答]

(1) 粘性により, 壁の影響が流体に伝わる領域が境界層である. 物体の長さを一定とすると, 主流速度が大きい場合には, 流体は物体から直ちに流れ去ってしまうため, 壁の影響が伝えられる時間スケールが短くなる. その結果, 境界層厚さは薄くなると言える.

(2) (1)では粘性による運動量輸送を考えたが, 熱の輸送もメカニズムは類似である. 静止時の場合, 伝導により温度の低い体表面の影響が水に伝えられる時間スケールは長い. 一方, 体を動かすと冷やされた液体が直ちに流れ去り, 新たな熱い湯が流れ込む. その結果, 体表面と水との温度勾配が大きくなり, 大量の熱量が体に供給されるため, 熱く感じることになる.

[例題] **11.2**　長手方向を鉛直方向とした長さ L の一枚の重い薄板を水中で支え, 手を離して自由落下させる. 薄板の両側には層流境界層が発達し, その落下速度はある距離後には一定の値 U に落ちつく. 板の厚さおよび幅を一定として L を変えたとき, U の値は L とともにどのように変化するか考察せよ. なお, 板は振動することなく, 垂直に落下すると仮定する.

ヒント) 境界層厚さの大略値から粘性抵抗を求め, 重力との釣り合い条件を考える.

[解答]

　速度が一定に落ち着いたとき, 板に作用する(重力−浮力)と粘性力が釣り合っていると考えられる. 境界層厚さ δ は, $\delta \sim \sqrt{\dfrac{\nu L}{U}}$ であるから, 単位幅当たり板全体に作用する粘性力 F_V [N/m] は,

$$F_V \sim \mu \frac{U}{\sqrt{\nu L / U}} \times L \propto U^{\frac{3}{2}} \times L^{\frac{1}{2}}$$

一方, (重力−浮力)の F_G は単位幅の板に対して次のように見積もることができる.

$$F_G = \Delta \rho g \times L \times t \propto L \qquad (\Delta \rho \text{ は板と水の密度差, } t \text{ は板の厚さを表す})$$

釣り合いの条件 $F_V = F_G$ より, U と L の関係を導けば,

$$U \propto L^{\frac{1}{3}}$$

速度 U は, 板の長さ L の $\dfrac{1}{3}$ 乗に比例して増加する.

☆3　**問題 11.1**　速度 U の一様な流れ（$U=$ 一定）中に置かれた無限平板上の境界層流れを考える．4.3 節説明の式(E)を $y=0$（平板上）から $y\to\infty$ まで積分することにより，次の運動量積分方程式が得られる．同式を設問の手順で導け．

$$\frac{\mathrm{d}\delta_M}{\mathrm{d}x}=\frac{c_f}{2}$$

ここで，δ_M は 4.3 節説明中の運動量厚さ．右辺の c_f は，以下の定義による局所表面摩擦係数である．

$$c_f=\frac{\tau}{\frac{1}{2}\rho U^2}\quad(\ \tau：局所壁面せん断応力，\ \tau=\mu\frac{\mathrm{d}u}{\mathrm{d}y}\bigg|_{y=0}\ )$$

(1) 4.3 節説明中の式(E)の左辺第 2 項の積分は，部分積分法と連続の方程式(F)を用いることにより，次式となることを示せ．

$$\int_0^\infty v\frac{\partial u}{\partial y}\mathrm{d}y=Uv_\infty+\int_0^\infty u\frac{\partial u}{\partial x}\mathrm{d}y \tag{A}$$

　ここで，v_∞ は，$y\to\infty$ における v の値である．（ヒント：$y=0$ での境界条件を考えよ）

(2) 4.3 節説明中の式(E)の右辺の積分値が，$-\tau/\rho$ となることを示せ．また，連続の方程式より，

$$v_\infty=\int_0^\infty\frac{\partial v}{\partial y}\mathrm{d}y=-\int_0^\infty\frac{\partial u}{\partial x}\mathrm{d}y\ の関係を用いると，式(A)は，次のように書き換えられる．$$

$$\int_0^\infty v\frac{\partial u}{\partial y}\mathrm{d}y=\int_0^\infty(u-U)\frac{\partial u}{\partial x}\mathrm{d}y$$

　以上のことより，4.3 節説明中の式(E)の積分は，次式となることを示せ．

$$\int_0^\infty\frac{\partial u^2}{\partial x}\mathrm{d}y-U\int_0^\infty\frac{\partial u}{\partial x}\mathrm{d}y=-\frac{\tau}{\rho} \tag{B}$$

(3) 式(B)において，

$$\int_0^\infty\frac{\partial u^2}{\partial x}\mathrm{d}y=\frac{\mathrm{d}}{\mathrm{d}x}\int_0^\infty u^2\mathrm{d}y$$

　などと変形できることを考慮して，運動量積分方程式を導け．

☆2　**問題 11.2**　境界層内の速度分布を，$u = U\left\{1 - \exp\left(-\dfrac{y}{b}\right)\right\}$　(b[m]：定数)と仮定する．このとき，排除厚さと運動量厚さを計算せよ．

☆3　**問題 11.3**　一様流 U 中に平行に置いた平板上の層流境界層内の速度分布を，次のように仮定する．

$$u = U\sin\left(\frac{\pi y}{2\delta}\right)$$

問題 11.1 の運動量積分方程式

$$\frac{\mathrm{d}\delta_M}{\mathrm{d}x} = \frac{c_f}{2}$$

を用い，流れ方向 x に対する境界層厚さ δ の変化を求めよ．ただし，$y \geqq \delta$ で $u = U$ と仮定する．

☆3　**問題11.4**　演図 11.1 に示すように，壁から流れを吸い込み，境界層の壁面からのはく離を防止したり，壁面での熱伝達の向上をはかる，境界層制御の手法がある．ここでは，最も単純な平板上の流れを取り扱う．壁面上，すべての位置で一定の速度 v_0 で吸い込みを行うと，流れは発達して，ある位置より下流では x 方向に変化しないようになる（図中の $x > 0$ の領域）．

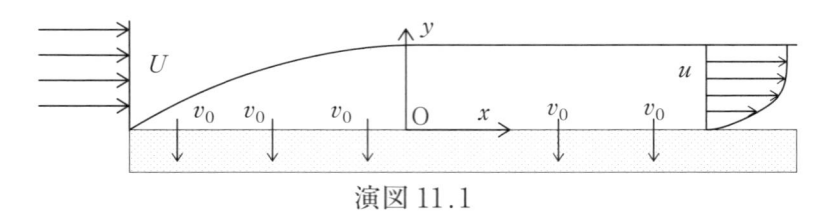

演図 11.1

この領域の流れについて，以下の問いに答えよ．

(1) 連続の方程式より，$v = v_0$（一定）となることを示せ．
(2) 平板境界層方程式を変形して，速度 u に対する微分方程式を求めよ．また境界条件はどのようになるか．
(3) (2)で求めた方程式を解き，u の分布を求めよ．

☆4　**問題11.5**　境界層外縁でのオイラーの運動方程式より，$U\left(\dfrac{\partial U}{\partial x}\right) = -\left(\dfrac{1}{\rho}\right)\left(\dfrac{\partial p}{\partial x}\right) = 0$ である．したがって，連続の方程式と境界層方程式（4.3 節説明の式(E)と(F)）は

$$\frac{\partial u}{\partial x} + \frac{\partial v}{\partial y} = 0 \tag{A}$$

$$u\frac{\partial u}{\partial x} + v\frac{\partial u}{\partial y} = \nu\frac{\partial^2 u}{\partial y^2} \tag{B}$$

となる．境界条件は平板上（$y = 0$）ですべりなしの条件（$u = v = 0$）を満足し，無限遠方（$y \to \infty$）で速度は一様流に収束する（$u = U$）．このとき，流れの関数が $\Psi = \sqrt{\nu U x}\, f(\eta)$（ただし，相似変数は $\eta = \sqrt{\dfrac{U}{\nu x}}$ である）のように表せるとする．演図 11.2 に示すように，定常な一様流が半無限平板を過ぎるときの層流流れ（平板の前縁近傍は除く）について言及せよ．

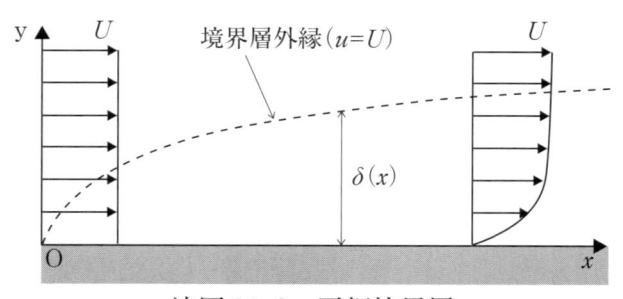

演図 11.2　平板境界層

☆4　**問題 11.6**　演図 11.3 に示すように，無限空間の中で小さいノズルから一定方向（x 軸方向）に噴出する 2 次元噴流による流れ（発達領域における流れ）について言及せよ．噴流の問題では，外側の遅い流体の中を速い流体（噴流）が流れることによって，流体内部に境界層が形成される（本問題では $\left|\dfrac{\partial^2 u}{\partial x^2}\right| \ll \left|\dfrac{\partial^2 u}{\partial y^2}\right|$ であるので，境界層理論を用いることができる）．

連続の方程式および境界層方程式は次式のようになる．

$$\frac{\partial u}{\partial x} + \frac{\partial v}{\partial y} = 0 \tag{A}$$

$$u\frac{\partial u}{\partial x} + v\frac{\partial u}{\partial y} = \nu\frac{\partial^2 u}{\partial y^2} \tag{B}$$

先に扱った平板境界層のときと同様に，本問においても長さの基準が存在しない．そこで，相似変数を $\eta = \dfrac{y}{x^\alpha}$ とし，$u = X(x)f(\eta)$ の形で表すことができるとする．そのとき，任意の断面（$x=$ 一定）を通過する運動量流量

$$M = \int_{-\infty}^{\infty} \underset{\text{質量流量}}{\underline{\rho u \mathrm{d}y}}\, u$$

$$= \rho \int_{-\infty}^{\infty} u^2 \mathrm{d}y$$

$$= \rho \int_{-\infty}^{\infty} X^2 f^2(\eta) x^\alpha \mathrm{d}\eta \tag{C}$$

はすべての x に対して一定でなければならない．そのためには，$X^2 x^\alpha$ が一定（$= C_0$）になる必要がある．つまり，$X = \dfrac{C_0}{x^{\frac{\alpha}{2}}}$ であるので，$u = x^{-\frac{\alpha}{2}}f(\eta)$ の形となる．この関係を式（B）に用いるとともに，式（A）を利用して，u の分布を考案せよ．

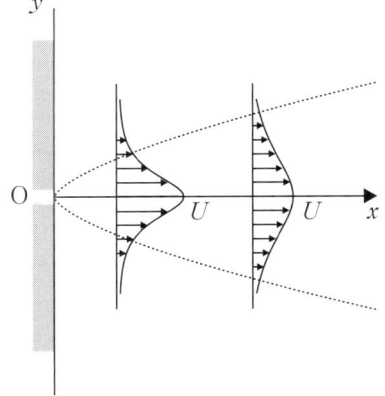

演図 11.3　2 次元平面噴流

☆4　**問題 11.7**　次の微分方程式を，(1) $\epsilon \neq 0$，(2) $\epsilon = 0$ のもとで解け．

微分方程式：$\epsilon f''(x) + f'(x) = a$，　境界条件：$f(0) = 0,\ f(1) = 1$ (A)

また，ϵ を微小パラメータとしたとき，この ϵ は何を意味するか，境界層方程式と対比して述べよ．

☆2　**問題 11.8**　層流境界層内の速度分布を次式に近似したとき，排除厚さδ_Dと運動量厚さδ_Mを求めよ．ただし，$y>\delta$で，$u=0$とする．

(1)　$\dfrac{u}{U}=\dfrac{y}{\delta}$

(2)　$\dfrac{u}{U}=2\dfrac{y}{\delta}-2\left(\dfrac{y}{\delta}\right)^3+\left(\dfrac{y}{\delta}\right)^4$

ここで，δは境界層厚さである．

☆2　**問題 11.9**　乱流境界層内の速度分布を次式で近似したとき，排除厚さδ_Dと運動量厚さδ_Mと求めよ．また，$n=7$のときの値はいくらか．ただし，$y>\delta$で$\bar{u}=0$とする．

$$\dfrac{\bar{u}}{U}=\left(\dfrac{y}{\delta}\right)^{\frac{1}{n}}$$

ここで，$\bar{u}$は時間平均速度，δは境界層厚さ，nはレイノルズ数Re_xの関数である．

チェック項目	月　　日	月　　日
壁面近傍に形成される境界層について学ぶ．		

物体まわりの流れと抗力，揚力について理解できる．

　流体力学の演習も最終段階になった．流体力学に関心を持った諸君は，最終的には飛行体や自動車などの周りの流れに関心が向くであろう．このような物体まわりの流れのようすを予測できることは流体力学の大きな目的のひとつである．さて，前節までは，非常に力学と直結する簡素な流れについて学んできた．基本的にはこれらおよびそれまでに身につけた流体力学の知識から，流れの要素を理解し，それらを組み合わせることによって現実の流れを考える必要がある．

　幾何的形状がなめらかな物体（流線型）は，基本的には大きな渦を発生しにくいので，渦の中のせん断による流体間のエネルギー損失も少なく，大きな力を発生しない．したがって，流れによる抵抗（圧力抵抗，形状抵抗）は小さい．しかし，その表面に目を向けると，壁面と流体の間では，流速によってせん断流れが生じているので，摩擦力が発生して抗力（摩擦抵抗）になっている．また，壁面に生じる境界層は，壁面上を下流に流下するとともに，突発的に乱流境界層へと遷移し，それはやがて渦を生じる．ここにも抗力の要因がある．

　物体に作用する抗力 D や揚力 L に対し，以下のような抗力係数 C_D，揚力係数 C_L がしばしば用いられる．

$$C_D = \frac{D}{\frac{1}{2}\rho U^2 A}$$

$$C_L = \frac{L}{\frac{1}{2}\rho U^2 A} \qquad (ただし，A は物体の代表面積（投影面積など）を表す)$$

　はく離を伴うようなエッジのある物体（鈍体）については，後流（物体後方の流れ）に物体（たとえば円柱）と同程度の大きさの渦を伴うこともあり，レイノルズ数の増加につれて双対渦やカルマン渦列のような有名な現象を示すが，その流れの完全な解明は非常に複雑で今なお難しい．

　また境界層はく離（物体表面からの流れのはく離）については，隣接する流体からのせん断力を介した運動量交換によって，境界層との間のエネルギー流入，流出が生じ，境界層がどのタイミングではく離するかに影響を及ぼす．流れが一端はく離すると，そのはく離領域内の圧力分布の影響によって，物体表面上の圧力分布が変化し，物体にかかる力（揚力や抗力）にも影響する．

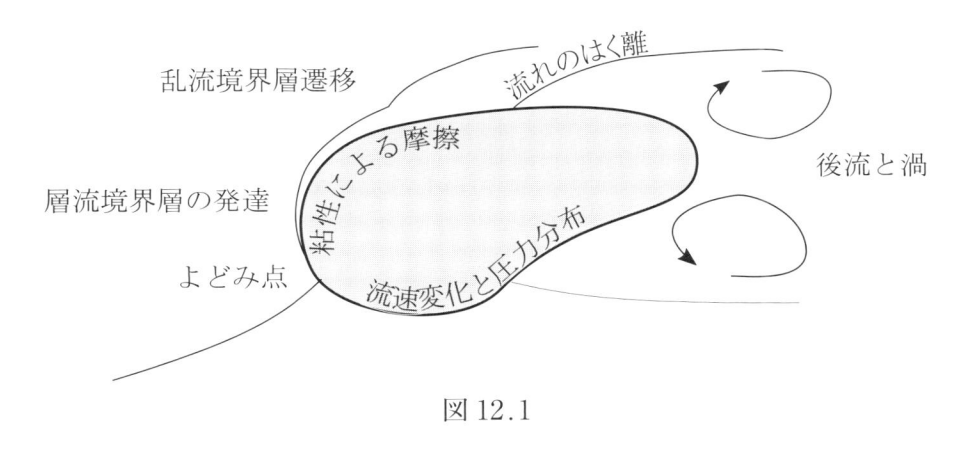

図 12.1

例題 12.1 一様流が円柱を過ぎるとき，レイノルズ数の違いによって流れ場がどのように変化するか模式図を描け．

解答

- $Re \leq O(1)$：レイノルズ数が小さいとき，流れは定常で，流線は上流・下流方向にほとんど対称となる（演図 12.1）．
- $O(1) \leq Re \leq O(10)$：流れは依然定常であるが，円柱背後に一対の渦（双対渦）が形成される（演図 12.2）．
- $O(10) \leq Re \leq O(10^2)$：レイノルズ数が大きくなると，流れは非定常となり，2 列の渦が交互に並んだカルマン（von Kármán）渦列が形成される（演図 12.3）．
- $Re \leq O(10^5)$：円柱の後流は完全に乱流状態となる（演図 12.4）．

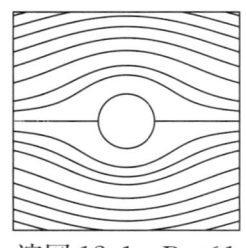 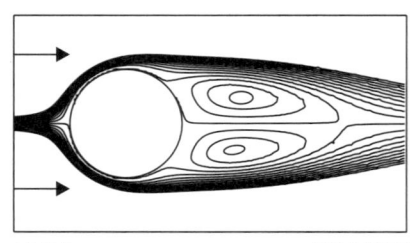

演図 12.1　$Re \leq 1$　　演図 12.2　$1 \leq Re \leq 10$（双対渦）

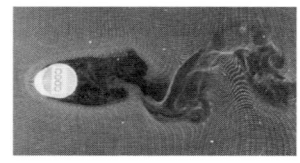 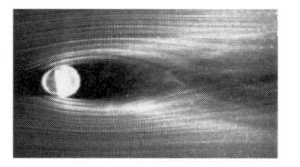

演図 12.3　カルマン渦　　演図 12.4　乱流

種々なレイノルズ数に対する円柱後流の違い（上段：渦粒子法による数値シミュレーション結果，下段：水素気泡法による可視化実験結果［摂南大学　倉田教授のご厚意による］）

例題 **12.2** 円柱や球まわりの流れが，層流から乱流へ遷移する場合を考える．このとき，(1)はく離点の位置は後方にずれ，(2)その結果，抗力が低下する．これら2つの理由を説明せよ．

解答

はく離のメカニズムは，以下のように要約できる．壁近傍の流線において，前方よどみ点から圧力は減少して流れは加速され，やがて最大速度を取った後，圧力が回復していく．この際，ポテンシャル流れとは異なり，壁近傍には粘性の影響を強く受ける境界層が存在する．そのため，前方よどみ点からエネルギーが減衰し，最大速度以降，圧力を回復するだけの充分なエネルギーがないため，曲率をもつ壁面に沿う逆圧力勾配に打ち勝つことができず，はく離が生じる．

(1) 層流から乱流に遷移すると，壁近傍の流体と壁から離れた流体同士の混合が活発に起こる．したがって，粘性の影響が小さく，エネルギー損失の小さい外の流体粒子が壁近傍に輸送される．その結果，圧力回復を生じるためのエネルギーが供給され，壁に沿う流れはより後方まで実現され，はく離点も後方にずれることになる．

(2) 抗力の要因として，円柱前面と背面での圧力差が大部分を占める．(1)で述べたように，はく離点までの距離が増加し，圧力回復が行われる面積が増加する結果，前後の圧力差が小さくなり，抗力は低下する．

| ドリル　**no. 12** | class | no | name |

☆2　　**問題 12.1**　円柱まわりの流れにおいて，円柱を振動させると，流体から円柱へ加わる力を低減させることができる．この理由を考察せよ．

　　　<u>ヒント）</u>はく離の生じるメカニズムから考察する．

☆2　　**問題 12.2**　一様流が球を過ぎるとき，レイノルズ数によって抵抗係数はどのような曲線（Re−C_D曲線：C_Dは 4.4 節説明参照）を描くか概説せよ．

☆2 問題 **12.3** ゴルフボール表面に凹凸(ディンプル)を施すと，ボールに掛かる抵抗を低減することができる．この理由を説明せよ．

ヒント）はく離の生じるメカニズムから考察する．

☆2 問題 **12.4** 演図 12.5，12.6 に示すような 2 つの物体 A，B が，流速 U の一様な流れの中に置かれている．どちらに加わる力が大きいと考えられるか，説明せよ．ただし，流れに対する投影面積は互いに等しいとする．

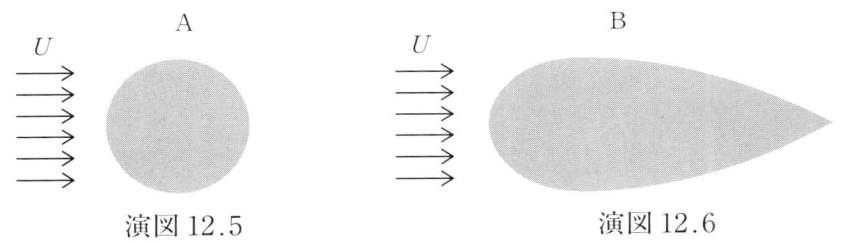

演図 12.5 演図 12.6

ヒント）はく離の生じるメカニズムから考察する．

問題 12.5 ある物体(幅 a)の両端から後方に一定間隔 b で渦が流出しているとする. 上端から流出する渦の循環は $-\Gamma$, 下端からは Γ の渦が流出するものとし, Γ は一定であるものとする. また, それらの渦は一定速度 U で移動するものとする(演図 12.7 参照). そのとき, 次の場合において物体に働く平均の流体力を求めよ.

(1) 物体の両端から渦が同時に流出する場合

(2) 物体の両端から渦が交互に半周期遅れで流出する場合について求め, 発生する力の違いを確認せよ.

ただし, 物体に働く流体力 $\vec{F}$ は流れ場全領域内で面積分することにより, 次式で求められることを利用せよ.

$$\frac{\vec{F}}{\rho}=\frac{\mathrm{d}}{\mathrm{d}t}\int_D(\vec{\omega}\times\vec{x})\mathrm{d}S=\frac{\mathrm{d}}{\mathrm{d}t}\int_D(-y\omega\vec{e_x}+x\omega\vec{e_y})\mathrm{d}S=\frac{1}{\rho}(D\vec{e_x}+L\vec{e_y})$$

で求められる. ただし, $\vec{e_x}$, $\vec{e_y}$ は, それぞれ x, y 方向の単位ベクトルである.

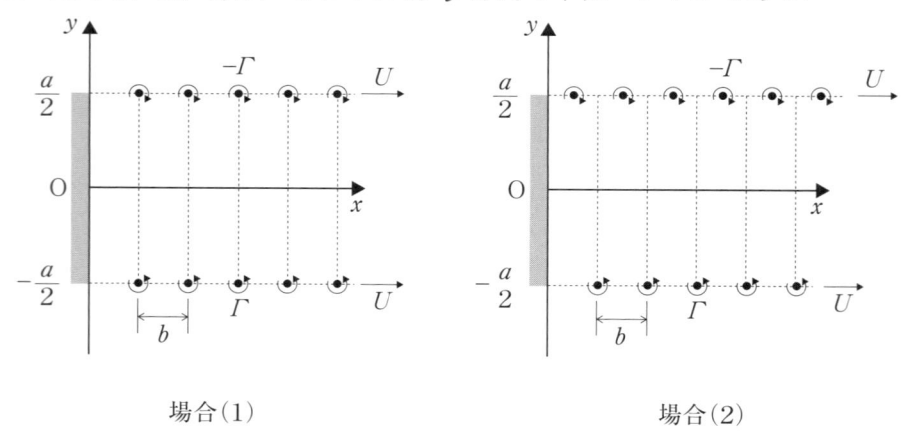

場合(1) 場合(2)

演図 12.7 物体後流のカルマン渦列

問題 12.6 密度 ρ_a の空気中で, 密度 ρ_B, 直径 D の球が初速度 u_0 で鉛直上方に投げられた. 次の 2 つの場合について時刻 t における球の速度 u を求めよ.

(1) 球に流動抵抗が働かない場合. また, $u_0=20\mathrm{m/s}$, $D=10\mathrm{cm}$, $\rho_B=2000\mathrm{kg/m^3}$ のとき, 最高到達高さ $y_{\max}$ を計算せよ.

(2) 流動抵抗が働き, 抵抗係数が C_D (4.4 節説明参照) の場合

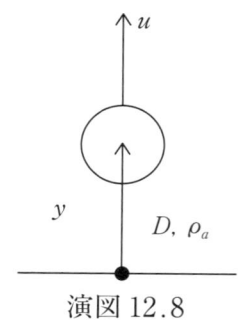

演図 12.8

☆1　問題 **12.7**　直径 D_1＝5.0cm，長さ L＝2.0m の円柱が速度 U_∞＝12.0m/s の空気中に，流れの方向に垂直に置かれている．流動抵抗 F_D[N] を求めよ．また，直径と長さをそのままにして流動抵抗を半分にするには，流速 U_∞ をいくらにすればよいか．ただし，空気の密度は ρ_a＝1.23kg/m³，抵抗係数は C_D＝1.2 とする．

☆2　問題 **12.8**　静止液体中を自由降下，すなわち容器の壁の影響を受けることなく降下する球の終端速度は次式で与えられる．液体が水（ρ_L＝998kg/m³，U＝0.821×10⁻⁶m²/s），球がアクリル球（直径10mm，密度 ρ_p＝1200kg/m³）のときの終端速度を求めよ．

$$\mathrm{Re}_{t\infty}<1$$

$$V_{t\infty}=\frac{C_c(\rho_p-\rho_L)d_p^2}{18\mu_L}$$

$$1<\mathrm{Re}_{t\infty}<10^4$$

$$V_{t\infty}=\left(\frac{\sqrt{A_1^2+A_2}-A_1}{1.1}\right)^2$$

$$A_1=4.8\sqrt{\mu_L/(\rho_L d_p)}$$

$$A_2=2.54\sqrt{(\rho_p-\rho_L)gd_pC_c/\rho_L}\quad (\mathrm{Re}=\frac{V_{t\infty}d_p}{\nu})$$

ここで，C_c はカニンガムの補正係数であり，液体中では常に 1 となる．また，気体中でも通常は 1 とおける．

☆3 **問題 12.9** 演図 12.9 に示すように，一様な流れの中に置かれた正方形柱（正方形断面の柱）の角を演図 12.10 のように削ると流れの様子は演図 12.9，演図 12.10 に矢印をつけた線で示すようになり，流動抵抗が非常に小さくなる．その理由について述べよ．

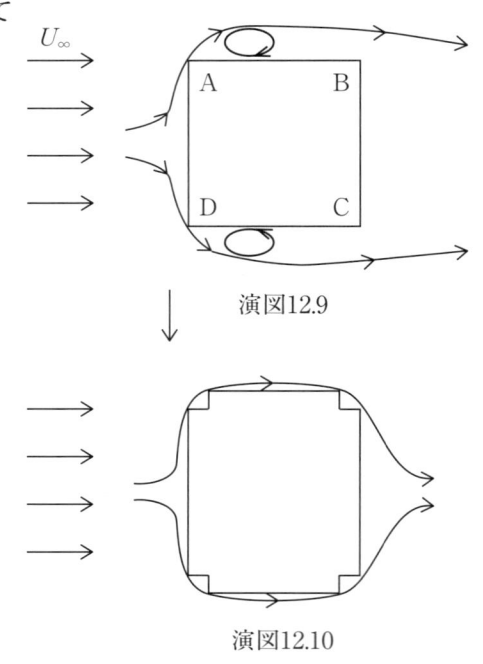

演図12.9

演図12.10

チェック項目	月　日	月　日
物体まわりの流れと抗力，揚力について理解できる．		

ドリルと演習シリーズ流体力学　解答

1.1

調べる箇所は原点近傍での挙動なので，式(A)〈問題文中にあり〉の x に $x=0$ を代入する．そのとき，式(A)は

$$f(\Delta x)=f(0)+f'(0)\Delta x+\frac{f''(0)}{2}(\Delta x)^2$$
$$+\frac{f'''(0)}{6}(\Delta x)^3+\cdots \tag{B}$$

となる．いま，$f(x)$ に $\sin x$ を代入して，

$$\sin(\Delta x)=\sin(0)+\sin'(0)\Delta x+\frac{\sin''(0)}{2}(\Delta x)^2$$
$$+\frac{\sin'''(0)}{6}(\Delta x)^3+\cdots \tag{C}$$

となる．ここで，

$\sin(0)=0$
$\sin'(0)=\cos(0)=1$
$\sin''(0)=-\sin(0)=0$
$\sin'''(0)=-\cos(0)=-1$

なので，結局，

$$\sin(\Delta x)=0+\Delta x+\frac{0}{2}(\Delta x)^2+\frac{-1}{6}(\Delta x)^3+\cdots$$
$$=\Delta x-\frac{(\Delta x)^3}{6}+\cdots$$

となる．最後に，Δx を x に書き換えて，

$$\sin x=x-\frac{x^3}{6}+\cdots \tag{D}$$

となる．ただし，x は微小である．下図は式(D)の左辺と右辺を比較したものである．x が小さい領域では，両者はよく一致していることが分かる．

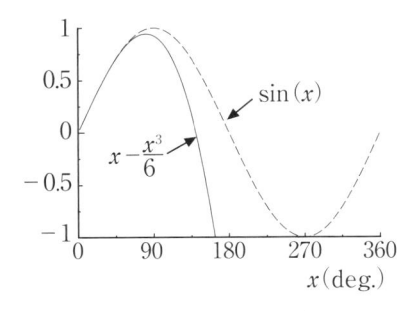

解図 1.1　$\sin(x)$ と $x-\dfrac{x^3}{6}$ の比較

1.2

(1) $f(a+\Delta a)=f(a)+f'(a)\Delta a+\dfrac{1}{2}f''(a)\Delta a^2$

(2) $f(x)=\sin x$ とすると，
　$f'(x)=\cos x,\quad f''(x)=-\sin x$

$x=a=\dfrac{\pi}{4}$ では

$$f(a)=\frac{\sqrt{2}}{2}$$
$$f'(a)=\frac{\sqrt{2}}{2}$$
$$f''(a)=-\frac{\sqrt{2}}{2}$$

(a) $\Delta a=\dfrac{\pi}{20}$ として

$$f_1=\frac{\sqrt{2}}{2}+\frac{\sqrt{2}}{2}\times\frac{\pi}{20}$$
$$=\frac{\sqrt{2}}{2}\left(1+\frac{\pi}{20}\right)=0.81817$$
$$f_2=f_1-\frac{1}{2}\times\frac{\sqrt{2}}{2}\times\left(\frac{\pi}{20}\right)^2=0.80945$$
$$f_{ex}=0.80902$$

(b) $\Delta a=\dfrac{\pi}{50}$ として

$$f_1=\frac{\sqrt{2}}{2}\left(1+\frac{\pi}{50}\right)=0.75154$$
$$f_2=f_1-\frac{1}{2}\times\frac{\sqrt{2}}{2}\times\left(\frac{\pi}{50}\right)^2=0.75154$$
$$f_{ex}=\sin(48.6°)=0.75154$$

(c) $f(x)=x^{\frac{1}{3}}$ として

$$f'(x)=\frac{1}{3}x^{-\frac{2}{3}}$$
$$f''(x)=-\frac{2}{9}x^{-\frac{5}{3}}$$
$$f'(1000)=\frac{1}{300}$$
$$f''(1000)=-\frac{2}{9}\times10^{-5}$$
$$f_1=10+\frac{1}{300}\times100=10.333$$
$$f_2=f_1-\frac{1}{2}\times\frac{2}{9}\times10^{-5}\times100^2=10.322$$
$$f_{ex}=10.322$$

1.3

ラグランジュ式の記述では，x は初期位置 x_0 と時間 t の関数であるので，速度 $u(x_0;t)$ と加速度 $\alpha(x_0;t)$ は

$$\frac{\mathrm{d}}{\mathrm{d}t}x(x_0;t)=u(x_0;t),\quad \frac{\mathrm{d}^2}{\mathrm{d}t^2}x(x_0;t)=\alpha(x_0;t) \tag{B}$$

として求められる．一方，オイラー式の記述では式(A)の右辺に多変数の合成関数の微分を

用いると，

$$\frac{\mathrm{D}}{\mathrm{D}t}u(x\,;t)=\frac{\partial u}{\partial t}+\frac{\partial u}{\partial x}\underbrace{\frac{\mathrm{d}x}{\mathrm{d}t}}_{=u} \tag{C}$$

となる．このようにして得られた式(C)の右辺第2項は対流項（非線形慣性項）と呼ばれ，同じ流体粒子を追いかけるために現れた加速度である．

1.4

(1) $\dfrac{\partial u}{\partial t}=0,\quad u\dfrac{\partial u}{\partial x}<0$

(2) $\dfrac{\partial u}{\partial t}>0,\quad u\dfrac{\partial u}{\partial x}<0$

1.5

$$\begin{cases} \alpha_x=u\dfrac{\partial u}{\partial x}+v\dfrac{\partial u}{\partial y} \\[2mm] \alpha_y=u\dfrac{\partial v}{\partial x}+v\dfrac{\partial v}{\partial y} \end{cases}$$

$$\frac{\partial u}{\partial x}=\frac{1}{x^2+y^2}-\frac{2x^2}{(x^2+y^2)^2}$$
$$=\frac{-x^2+y^2}{(x^2+y^2)^2}$$
$$\frac{\partial u}{\partial y}=\frac{-2xy}{(x^2+y^2)^2}$$
$$\frac{\partial v}{\partial x}=\frac{-2xy}{(x^2+y^2)^2}$$
$$\frac{\partial v}{\partial y}=\frac{1}{x^2+y^2}-\frac{2y^2}{(x^2+y^2)^2}$$
$$=\frac{x^2-y^2}{(x^2+y^2)^2}$$
$$\alpha_x=\frac{x}{x^2+y^2}\times\frac{(-x^2+y^2)}{(x^2+y^2)^2}+\frac{y}{x^2+y^2}$$
$$\times\frac{(-2xy)}{(x^2+y^2)^2}=\frac{-x}{(x^2+y^2)^2}$$
$$\alpha_y=\frac{x}{x^2+y^2}\times\frac{(-2xy)}{(x^2+y^2)^2}+\frac{y}{x^2+y^2}$$
$$\times\frac{(x^2-y^2)}{(x^2+y^2)^2}=\frac{-y}{(x^2+y^2)^2}$$

1.6

(1) $T_a(t,\,x_1,\,x_2)=ax_1{}^2+bx_2{}^2$ より
$$\frac{\mathrm{D}T_a}{\mathrm{D}t}=\frac{\partial T_a}{\partial t}+u_1\frac{\partial T_1}{\partial x_1}+u_2\frac{\partial T_a}{\partial x_2}$$
$$=2(au_1x_1+bu_2x_2)$$

(2) $T_b=ct+ax_1{}^2+bx^2$ より

$$\frac{\mathrm{D}T_b}{\mathrm{D}t}=c+2(au_1x_1+bu_2x_2)$$

(3) $T(t_1,\,x_1,\,x_2)=a(x_1-u_1t)^2+b(x_2-u_2t)^2$

(4) $\dfrac{\mathrm{D}T}{\mathrm{D}t}=2au_1(x_1-u_1t)-2bu_2(x_2-u_2t)$
$$+2au_1(x_1-u_1t)+2bu_2(x_2-u_2t)=0$$

(5) T_c のみ物質成分がゼロなので，時間で変化するのは T_b と T_c

1.7

(1) 流量の保存から，位置 x において，
$$u(x)h(x)=u_0(\because x=0 \text{ において } h=1).$$
$$\therefore\ u(x)=u_0(1+x^2) \tag{A}$$

(2) 微分方程式は，$\dfrac{\mathrm{d}x}{\mathrm{d}t}=u(x)=u_0(1+x^2)$．変数分離を行い，両辺を積分すると，
$$\int_0^x\frac{\mathrm{d}x}{(1+x^2)}=\int_0^t u_0\mathrm{d}t$$
左辺の積分を，$x\to\tan\theta$ として置換積分を行うと，結果として次式を得ることができる．
$$x(0:t)=\tan(u_0t) \tag{B}$$
加速度は，上式を2回微分して得ることができる．
$$\frac{\mathrm{d}^2x}{\mathrm{d}t^2}=\frac{\mathrm{d}^2}{\mathrm{d}t^2}[\tan(u_0t)]=\frac{\mathrm{d}}{\mathrm{d}t}\left[\frac{u_0}{\cos^2(u_0t)}\right]$$
$$=\frac{2u_0{}^2\tan(u_0t)}{\cos^2(u_0t)} \tag{C}$$
ここで，式(A)，(B)の関係を用いると，
加速度 $=2xu_0u(x)$

(3) オイラーの方法による加速度は，問題1.3の解答中の式(C)を用いて求められる．

流れは定常であるので，$\dfrac{\partial u}{\partial t}=0$，また問(1)の式(A)を用いると，$u\dfrac{\partial u}{\partial x}=2xu_0u(x)$.

したがって，オイラーの方法による加速度，
$$\frac{\mathrm{D}u}{\mathrm{D}t}=\frac{\partial u}{\partial t}+u\frac{\partial u}{\partial x}=2xu_0u(x)\ \text{は，(2)で求めた加速度と一致する．}$$

1.8

(1) $\omega=\dfrac{\partial v}{\partial x}-\dfrac{\partial u}{\partial y}=a+a=2a$

(2) $\omega=\dfrac{\partial v}{\partial x}-\dfrac{\partial u}{\partial y}=c-a$

2.1

流線の定義から,

$$\frac{\mathrm{d}x}{U\cos\Omega t}=\frac{\mathrm{d}y}{U\sin\Omega t} \tag{A}$$

である. つまり,

$$\frac{\mathrm{d}y}{\mathrm{d}x}=\tan\Omega t \tag{B}$$

となるので, 流線は次式のように求められる.

$$y=\tan\Omega t\cdot x+\text{const.} \tag{C}$$

2.2

(1) 接線の向きが渦度ベクトルの向きと一致するような曲線を渦線と呼ぶ. また, 流れの中の閉曲線を通る渦線で構成される管を渦管と呼ぶ.

(2) 渦管の周囲を閉曲線とする循環を Γ, 時間を t とすると, ケルビンの循環法則 $\frac{D\Gamma}{Dt}=0$ より, 渦管の断面が細くなった場合においても Γ は一定値に維持される. 一方で, Γ と渦度ベクトル ω に関する関係式, $\Gamma=\iint_S \vec{\omega}\cdot\vec{n}\mathrm{d}s$ がある. ここで, S は渦管の断面, $\vec{n}$ は渦管断面の単位法線ベクトルとする. 上記より, S が減少した場合においても Γ は維持されるので, $\omega\cdot n$ が大きくならねばならない. S を渦管に垂直な断面で取れば, ω と n の向きは同じになるので, $\omega\cdot n$ は $|\omega|$ と一致し, $|\omega|$ は S に反比例して増大する.

2.3

円柱座標では微小線要素 $\vec{\mathrm{d}s}$ と速度 $\vec{v}$ は

$$\vec{\mathrm{d}s}=\mathrm{d}r\vec{e_r}+r\mathrm{d}\theta\vec{e_\theta}+\mathrm{d}x\vec{e_x} \tag{A}$$

$$\vec{v}=v_r\vec{e_r}+v_\theta\vec{e_\theta}+v_x\vec{e_x} \tag{B}$$

ここに (e_r, e_θ, e_x) はそれぞれ (r, θ, x) の単位ベクトルである. 流線の方程式 $\vec{\mathrm{d}s}/\!/\vec{v}$ より

$$\frac{\mathrm{d}r}{v_r}=\frac{r\mathrm{d}\theta}{v_\theta}=\frac{\mathrm{d}x}{v_x}=\text{const.} \tag{C}$$

2.4

問題の式を解答 2.3 の式(C)に代入すると,

$$\frac{r^2\mathrm{d}r}{k\cos\theta}=\frac{r^3\mathrm{d}\theta}{k\sin\theta},$$

$$\frac{1}{r}\mathrm{d}r=\frac{\cos\theta}{\sin\theta}\mathrm{d}\theta$$

となる. 両辺を積分すると,

$$\ln r=\ln(\sin\theta)+C'=\ln(C\sin\theta)$$
$$(C'\equiv\ln(C),\ C,\ C' は定数)$$

上式に, $r=\sqrt{x^2+y^2}$ $r\sin\theta=y$, を代入すると,

$$x^2+y^2=Cy\rightarrow x^2+\left(y-\frac{C}{2}\right)^2=\left(\frac{C}{2}\right)^2 となる.$$

2.5

(1) 解図 2.1 に示すように, 点 A, B を結ぶ任意の線 s を横切る流量 Q は, その微小な線素 Δs を横切る法線方向速度 u_n を点 A から点 B まで積分したものである.

$$Q=\int_A^B u_n\mathrm{d}s \tag{A}$$

ここで, 解図 2.2 から, 微小な線素 Δs を通過する流量 $u_n\Delta s$ は, x 方向の流量 $u\Delta y$ から y 方向の流量 $v\Delta x$ を引いたものに等しい (流量保存). つまり,

$$u_n\Delta s=u\Delta y-v\Delta x \tag{B}$$

である.

(2) ここで, 1.2 の説明式(E)の流れの関数の定義式を用いて, 式(B)は

$$u_n\Delta s=\frac{\partial\psi}{\partial y}\Delta y+\frac{\partial\psi}{\partial x}\Delta x=\mathrm{d}\psi \tag{C}$$

となる. 式(C)を式(A)に代入して,

$$Q=\int_A^B \mathrm{d}\psi=\psi_B-\psi_A$$

となる. すなわち, ψ_B と ψ_A の差は, 点 A, B を結ぶ任意の線を横切る流量に等しい.

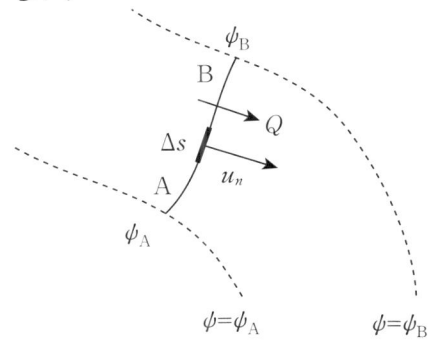

解図 2.1 (演図 2.6 再掲)
曲線を横切る流量 (解図 2.2) とその成分 (解図 2.3)

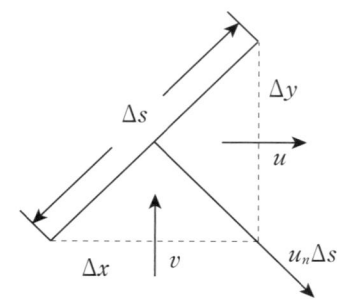

解図 2.2（演図 2.7 再掲）

3.1

(1) この平面の単位法線ベクトル$\vec{n}$は，

$$\vec{n} = \frac{1}{3}\begin{pmatrix} 1 \\ 2 \\ 2 \end{pmatrix}$$

$$\vec{t} = \tau\vec{n} = \frac{1}{3}(9, 7, 5) = (t_1, t_2, t_3)$$

(2) $t_n = \vec{n} \cdot \vec{t} = \frac{11}{3}$

$t_n^2 + t_s^2 = |\vec{t}|^2$ より，$t_s = \frac{\sqrt{34}}{3}$

(3) 解図 3.1 の三角形の面積Sは，

$$S = \frac{3}{8}$$

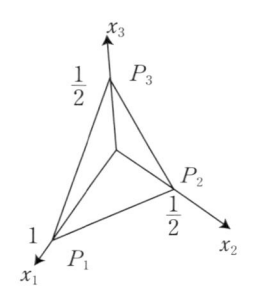

解図 3.1

$$F_n = t_n \cdot S = \frac{11}{8}$$

3.2

解図 3.2 に示すように OC，OA，AB，BC の面に加わる力を$\overrightarrow{F_{OC}}$，$\overrightarrow{F_{OA}}$，$\overrightarrow{F_{AB}}$，$\overrightarrow{F_{BC}}$，とすると

$$\overrightarrow{F_{OC}} = \begin{pmatrix} 300 \times 0.1 \\ 400 \times 0.1 \end{pmatrix} = \begin{pmatrix} 30 \\ 40 \end{pmatrix}$$

$$\overrightarrow{F_{OA}} = \begin{pmatrix} 400 \times 0.3 \\ 500 \times 0.3 \end{pmatrix} = \begin{pmatrix} 120 \\ 150 \end{pmatrix}$$

$$\overrightarrow{F_{AB}} = \begin{pmatrix} 60 \times 0.1 \\ 400 \times 0.1 \end{pmatrix} = \begin{pmatrix} 6 \\ 40 \end{pmatrix}$$

$$\overrightarrow{F_{BC}} = \begin{pmatrix} 400 \times 0.3 \\ 660 \times 0.3 \end{pmatrix} = \begin{pmatrix} 120 \\ 198 \end{pmatrix}$$

重力による力を$\overrightarrow{F_g}$とすると

$$\overrightarrow{F_g} = \begin{pmatrix} 0 \\ 1000 \times 9.80 \times 0.1 \times 0.3 \end{pmatrix} = \begin{pmatrix} 0 \\ 294 \end{pmatrix}$$

$$\begin{pmatrix} F_1 \\ F_2 \end{pmatrix} = \overrightarrow{F_{AB}} + \overrightarrow{F_{BC}} - \overrightarrow{F_{OC}} - \overrightarrow{F_{BA}} - \overrightarrow{F_g}$$

$$= \begin{pmatrix} 6 + 120 - 30 - 120 \\ 40 + 198 - 40 - 150 - 294 \end{pmatrix} = \begin{pmatrix} -24 \\ -246 \end{pmatrix} \text{ [N]}$$

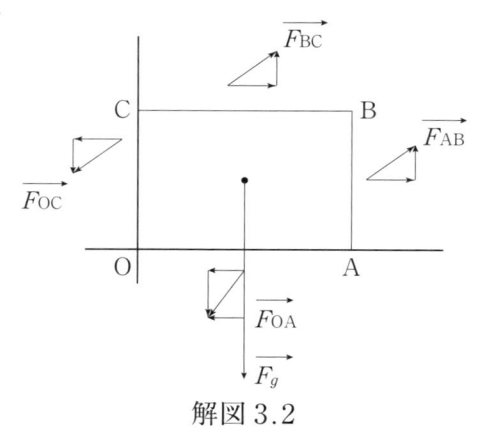

解図 3.2

3.3

連続の方程式 $\dfrac{\partial u}{\partial x} + \dfrac{\partial v}{\partial y} = 0$に $u = U\sin y \cdot \cos x$を代入すると，

$$\frac{\partial v}{\partial y} = U\sin x \sin y$$

両辺をyで積分すると次式を得る．

$$v = -U\sin x \cos y + C(x)$$

ここで，$C(x)$は，xの関数で，壁面$y=0$で$v=0$の条件より決定できる．vは次式となる．

$$v = U\sin x(1 - \cos y)$$

応力テンソルにu，vを代入すると，τ_{ij}として次式が得られる．

$$\tau = \mu\begin{bmatrix} -2U\sin y \cdot \sin x, & U\{\cos x \cdot \cos y + \cos x(1 - \cos y)\} \\ U\{\cos x \cdot \cos y + \cos x(1 - \cos y)\}, & 2U\sin x \cdot \sin y \end{bmatrix}$$

壁面$y=0$を代入すると，

$$\tau = \mu\begin{bmatrix} 0, & U\cos x \\ U\cos x, & 0 \end{bmatrix}$$

壁面上での応力ベクトル$\vec{t}(t_1, t_2)$は，上式に面の法線ベクトル$(0, 1)$を乗じて得られる．

$$\begin{pmatrix} t_1 \\ t_2 \end{pmatrix} = \mu\begin{bmatrix} 0, & U\cos x \\ U\cos x, & 0 \end{bmatrix}\begin{bmatrix} 0 \\ 1 \end{bmatrix} = \mu\begin{pmatrix} U\cos x \\ 0 \end{pmatrix}$$

3.4

(1) 連続の方程式 $\dfrac{\partial u}{\partial x}+\dfrac{\partial v}{\partial y}=0$ より，$\dfrac{\partial v}{\partial y}=0$

v は x のみの関数 $f(x)$ となる．一方，壁面 $y=\pm a$ では，$v=0$ なので，$v=f(x)=0$

(2) $\mathbf{D}:\begin{pmatrix} 2\dfrac{\partial u}{\partial x} & \dfrac{\partial u}{\partial y}+\dfrac{\partial v}{\partial x} \\[2mm] \dfrac{\partial u}{\partial y}+\dfrac{\partial v}{\partial x} & 2\dfrac{\partial v}{\partial y} \end{pmatrix}=\begin{pmatrix} 0 & -\dfrac{2U_o y}{a^2} \\[2mm] -\dfrac{2U_o y}{a^2} & 0 \end{pmatrix}$

$\mathbf{S}:\begin{pmatrix} 0 & -\left(\dfrac{\partial v}{\partial x}-\dfrac{\partial u}{\partial y}\right) \\[2mm] \dfrac{\partial v}{\partial x}-\dfrac{\partial u}{\partial y} & 0 \end{pmatrix}=\begin{pmatrix} 0 & -\dfrac{2U_o y}{a^2} \\[2mm] \dfrac{2U_o y}{a^2} & 0 \end{pmatrix}$

(3) $y=\pm a$ において，$\tau_{xy}=\mp\dfrac{2\mu U_0}{a}$, $\tau_{yy}=0$

3.5

(1) 連続の条件 $\dfrac{\partial u}{\partial x}+\dfrac{\partial v}{\partial y}=0$ を満足する必要がある．

上の領域では $u=U\left(1-\dfrac{y}{\ell}\right)$ なので，

$\dfrac{\partial v}{\partial y}=0$

$\therefore v=f(x)$ （x の関数），$y=0$ で $v=0$ なので $f(x)=0$, したがって $v=0$

下側の領域でも同様に $v=0$

(2) $\tau_{xy}=\mu\left(\dfrac{\partial u}{\partial y}+\dfrac{\partial v}{\partial y}\right)=-\dfrac{\mu U}{\ell}$

$\tau_{yy}=2\mu\dfrac{\partial v}{\partial y}=0$

(3) ベルトの上下面に粘性応力が加わっていることに留意して

$F_0=|\tau_{xy}|\times 2\times 1\times 20\ell=40\mu U$

(4) ベルトの位置がかわるとベルト上側では

$u=U\left(1-\dfrac{y-\varepsilon}{\ell-\varepsilon}\right)$

下側で $u=U\left(1+\dfrac{y-\varepsilon}{\ell+\varepsilon}\right)$ の速度分布になる．

したがって，ベルト上面に加わる粘性応力は

$|\tau_{xy}|=\dfrac{\mu U}{\ell-\varepsilon}$

ベルト下面に加わる粘性応力は

$|\tau_{xy}|=\dfrac{\mu U}{\ell+\varepsilon}$

さらに引張力 F は

$F=\left(\dfrac{\mu U}{\ell-\varepsilon}+\dfrac{\mu U}{\ell+\varepsilon}\right)\times 20\ell$

$=40\mu U\left\{\dfrac{1}{1-\left(\dfrac{\varepsilon}{\ell}\right)^2}\right\}$

$\dfrac{1}{1-\left(\dfrac{\varepsilon}{\ell}\right)^2}>$ なので $F>F_0$ となる

3.6

$\tau=\mu\dfrac{\mathrm{d}u}{\mathrm{d}y}$ の右辺に現れる $\dfrac{\partial u}{\partial y}$ は，次式のようにひずみ速度と回転成分の和として表すことができる．

$$\dfrac{\partial u}{\partial y}=\underbrace{\dfrac{1}{2}\left(\dfrac{\partial u}{\partial y}-\dfrac{\partial v}{\partial x}\right)}_{\text{回転運動}}+\underbrace{\dfrac{1}{2}\left(\dfrac{\partial u}{\partial y}+\dfrac{\partial v}{\partial x}\right)}_{\text{ひずみ変形}}$$

したがって，演図3.5に示される壁面近傍のせん断流れは，ずれひずみ運動と回転運動の和として表され，せん断応力はひずみ速度に比例して求められることが分かる．

3.7

(1) この座標系が反時計まわりに角度 θ 回転した座標系を (X, Y) とする．このとき，回転行列に関する一次変換から，座標系 (X, Y) は座標系 (x, y) と

$X=x\cos\theta-y\sin\theta$, $Y=x\sin\theta+y\cos\theta$

のように結ばれる．同様に，(x, y) 座標系における速度を (u, v), (X, Y) 座標系における速度を (U, V) とすると，

$u=U\cos\theta+V\sin\theta,$

$v=-U\sin\theta+V\cos\theta$

となる．

(2) これらの結果から，$U(X, Y)=U(x\cos\theta-y\sin\theta, x\sin\theta+y\cos\theta)$, $V(X,Y)=V(x\cos\theta-y\sin\theta, x\sin\theta+y\cos\theta)$ であることから，$\dfrac{\partial u}{\partial y}$ および $\dfrac{\partial v}{\partial x}$ はそれぞれ次のようになる．

$\dfrac{\partial u}{\partial y}=\dfrac{\partial U}{\partial y}\cos\theta+\dfrac{\partial V}{\partial y}\sin\theta$

$=\left(-\dfrac{\partial U}{\partial X}\sin\theta+\dfrac{\partial U}{\partial Y}\cos\theta\right)\cos\theta+$

$\quad\left(-\dfrac{\partial V}{\partial X}\sin\theta+\dfrac{\partial V}{\partial Y}\cos\theta\right)\sin\theta$

$=-\left(\dfrac{\partial U}{\partial X}-\dfrac{\partial V}{\partial Y}\right)\sin\theta\cos\theta+$

$$\frac{\partial U}{\partial Y}\cos^2\theta - \frac{\partial V}{\partial X}\sin^2\theta$$

$$\frac{\partial v}{\partial x} = -\frac{\partial U}{\partial x}\sin\theta + \frac{\partial V}{\partial x}\cos\theta$$

$$= -\left(\frac{\partial U}{\partial X}\cos\theta + \frac{\partial U}{\partial Y}\sin\theta\right)\sin\theta$$

$$+ \left(\frac{\partial V}{\partial X}\cos\theta + \frac{\partial V}{\partial Y}\sin\theta\right)\cos\theta$$

$$= -\left(\frac{\partial U}{\partial X} - \frac{\partial V}{\partial Y}\right)\sin\theta\cos\theta - \frac{\partial U}{\partial Y}\sin^2\theta$$

$$+ \frac{\partial V}{\partial X}\cos^2\theta$$

(3) (2)の結果より

$$\frac{\partial v}{\partial y} - \frac{\partial v}{\partial x} = \frac{\partial U}{\partial Y} - \frac{\partial V}{\partial X}$$

を得る．このことから，回転運動は座標系に依存しないことが分かる．

──── ＊参考 ────

$$\frac{\partial u}{\partial y} + \frac{\partial v}{\partial x} = -\left(\frac{\partial U}{\partial X} - \frac{\partial V}{\partial Y}\right)\sin(2\theta)$$

$$+ \left(\frac{\partial U}{\partial Y} + \frac{\partial V}{\partial X}\right)\cos(2\theta)$$

となることから，ひずみ速度は座標系の取り方によって異なってくることが分かる．問題3.6の演図3.5に示される壁面近傍のせん断流れが，角度θだけ傾いた平板近傍の流れとすると，せん断応力τはx軸に対して角度θだけ傾いており，x，y方向の伸びとせん断変形による応力の和としてこのτが求められることになる．

4.1

問題に示された式は，流体の単位質量当たりについて，（加速度）＝（力）／（質量）の関係を表すことに注意すると，重力を加えた方程式は次のようになる．

$$u\frac{\partial u}{\partial x} + v\frac{\partial u}{\partial y} = -\frac{1}{\rho}\frac{\partial P}{\partial x} + \nu\left(\frac{\partial^2 u}{\partial x^2} + \frac{\partial^2 u}{\partial y^2}\right) + g$$

代表長さL，代表速度Uとして，無次元座標$(\bar{x}, \bar{y}) \equiv \left(\frac{x}{L}, \frac{y}{L}\right)$ならびに無次元速度$(\bar{u}, \bar{v}) \equiv \left(\frac{u}{U}, \frac{v}{U}\right)$を定義する．$x = L\bar{x}$，$y = L\bar{y}$，$u = U\bar{u}$，$v = U\bar{v}$を上式に代入する．$u\frac{\partial u}{\partial x} = \frac{U^2}{L}\bar{u}\frac{\partial \bar{u}}{\partial \bar{x}}$，$\nu\frac{\partial^2 u}{\partial x^2} = \frac{\nu U}{L^2}\frac{\partial^2 \bar{u}}{\partial \bar{x}^2}$などと計算し，$\bar{P}$

$= \frac{P}{\rho U^2}$として両辺を整理すると，次の無次元化方程式が得られる．

$$\bar{u}\frac{\partial \bar{u}}{\partial \bar{x}} + \bar{v}\frac{\partial \bar{u}}{\partial \bar{y}} = -\frac{\partial \bar{P}}{\partial \bar{x}} + \frac{\nu}{UL}\left(\frac{\partial^2 \bar{u}}{\partial \bar{x}^2} + \frac{\partial^2 \bar{u}}{\partial \bar{y}^2}\right)$$

$$+ \frac{gL}{U^2}$$

模型実験と実機で上の方程式が同じになることから，力学的相似が成り立つ条件として，レイノルズ数, $\mathrm{Re} \equiv \dfrac{UL}{\nu}$ならびにフルード数 $\mathrm{Fr} \equiv \dfrac{gL}{U^2}$が模型と実機で一致すればよい．

4.2

平板はx方向のみに運動しているので，y，z方向と速度成分v，wはゼロである．よって連続の方程式

$$\frac{\partial u}{\partial x} + \frac{\partial v}{\partial y} + \frac{\partial w}{\partial z} = 0$$

より，$\dfrac{\partial u}{\partial x} = 0$となって，$u$は$x$方向に変化しない．$x$，$y$，$z$方向の運動方程式は次式で与えられる．

$$x\text{方向} \quad \frac{\partial u}{\partial t} + u\frac{\partial u}{\partial x} + v\frac{\partial u}{\partial y} + w\frac{\partial u}{\partial z}$$

$$= -\frac{1}{\rho}\frac{\partial p}{\partial x} + \nu\left(\frac{\partial^2 u}{\partial x^2} + \frac{\partial^2 u}{\partial y^2} + \frac{\partial^2 u}{\partial z^2}\right)$$

$$y\text{方向} \quad \frac{\partial v}{\partial t} + u\frac{\partial v}{\partial x} + v\frac{\partial v}{\partial y} + w\frac{\partial v}{\partial z}$$

$$= -\frac{1}{\rho}\frac{\partial p}{\partial y} + \nu\left(\frac{\partial^2 v}{\partial x^2} + \frac{\partial^2 v}{\partial y^2} + \frac{\partial^2 v}{\partial z^2}\right) - g$$

$$z\text{方向} \quad \frac{\partial w}{\partial t} + u\frac{\partial w}{\partial x} + v\frac{\partial w}{\partial y} + w\frac{\partial w}{\partial z}$$

$$= -\frac{1}{\rho}\frac{\partial p}{\partial z} + \nu\left(\frac{\partial^2 w}{\partial x^2} + \frac{\partial^2 w}{\partial y^2} + \frac{\partial^2 w}{\partial z^2}\right)$$

ここで，x方向への圧力こう配はないので，$\dfrac{\partial p}{\partial x} = 0$である．与えられた条件を用いると，

$$x\text{方向} \quad \frac{\partial u}{\partial t} = \nu\frac{\partial^2 u}{\partial y^2}$$

が得られる．なお，他の方向に関しては，

$$y\text{方向} \quad -\frac{1}{\rho}\frac{\partial p}{\partial y} - g = 0$$

$$z\text{方向} \quad -\frac{1}{\rho}\frac{\partial p}{\partial z} = 0 \quad (\text{圧力}p\text{は}z\text{方向に変化}$$

しない）

となるので$p = -\rho gy$である．

4.3

(1) $\mathrm{Re}=\dfrac{U_a \cdot D_a}{\dfrac{\mu_a}{\rho_a}}=2\times10^5$

(2) Re を合わせれば力学的に相似な流れとなる.

$\dfrac{U_w \cdot D_1}{\dfrac{\mu_w}{\rho_w}}=2\times10^5$ より $U_w=20\mathrm{m/s}$

(3) 無次元化した力が空気中と水中で同じになるので

$$\frac{F_0}{\rho_a U_a{}^2 D_0{}^2}=\frac{F_1}{\rho_w U_w{}^2 D_1{}^2}$$

$$\therefore F_0=\frac{\rho_a U_a{}^2 D_0{}^2}{\rho_w U_w{}^2 D_1{}^2}\cdot F_1=0.27\mathrm{N}$$

5.1

(1) 流れ場は2次元で軸対称なので,$P\equiv P(r)$ である.2.2 節の説明の式 (E) の第1式に,$u_r=u_z=0$,$u_\theta=\dfrac{\Gamma}{2\pi r}$ を代入すると,

$$\frac{\mathrm{d}P}{\mathrm{d}r}=\frac{\rho\Gamma^2}{4\pi^2 r^3}$$

上式を積分すれば,P は次式となる.

$$P=P_\infty-\frac{\rho\Gamma^2}{8\pi^2 r^2}\ (P_\infty は無限遠方での圧力)$$

(2) 渦度ベクトルは,

$$\vec{\omega}=\left(\frac{\partial w}{\partial y}-\frac{\partial v}{\partial z},\frac{\partial u}{\partial z}-\frac{\partial w}{\partial x},\frac{\partial v}{\partial x}-\frac{\partial u}{\partial y}\right)$$

2次元流れなので,上式中 $w=0$,$\dfrac{\partial}{\partial z}=0$ なので,ベクトルの x,y 成分はゼロとなる.また,解図 5.1 を参照して,円柱座標系における速度 (u_r,u_θ) を用いて (u,v) を表すと,

$$u=u_r\cos\theta-u_\theta\sin\theta=-\frac{\Gamma\sin\theta}{2\pi r}$$

$$v=u_r\sin\theta+u_\theta\cos\theta=\frac{\Gamma\cos\theta}{2\pi r}$$

$$\left(\because u_r=0,u_\theta=\frac{\Gamma}{2\pi r}\right)$$

ヒント中の微分の関係を用いると,

$$\frac{\partial v}{\partial x}=\frac{\partial}{\partial r}\left(\frac{\Gamma\cos\theta}{2\pi r}\right)\frac{\partial r}{\partial x}+\frac{\partial}{\partial\theta}\left(\frac{\Gamma\cos\theta}{2\pi r}\right)\frac{\partial\theta}{\partial x}$$

$$=-\frac{\Gamma\cos\theta}{2\pi r^2}\frac{\partial r}{\partial x}+-\frac{\Gamma\sin\theta}{2\pi r}\frac{\partial\theta}{\partial x}\tag{A}$$

$$\frac{\partial u}{\partial y}=\frac{\partial}{\partial r}\left(-\frac{\Gamma\sin\theta}{2\pi r}\right)\frac{\partial r}{\partial y}+\frac{\partial}{\partial\theta}\left(-\frac{\Gamma\sin\theta}{2\pi r}\right)\frac{\partial\theta}{\partial y}$$

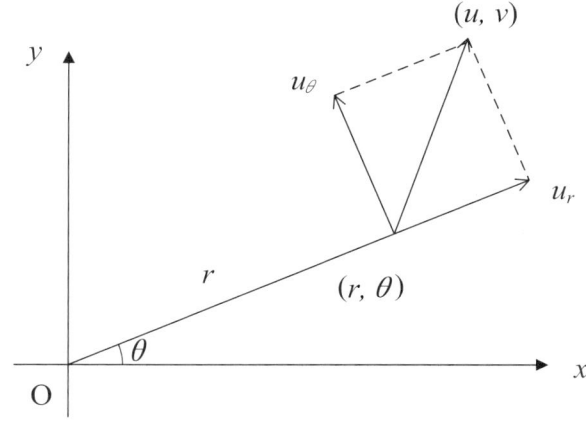

解図 5.1　直交座標系と円柱座標系の速度表記

$$=\frac{\Gamma\sin\theta}{2\pi r^2}\frac{\partial r}{\partial y}-\frac{\Gamma\cos\theta}{2\pi r}\frac{\partial\theta}{\partial y}\tag{B}$$

ここで,$\tan\theta=\dfrac{y}{x}$ の両辺を x ならびに y で微分して整理すると,

$$\frac{\partial\theta}{\partial x}=-\frac{\cos^2\theta y}{x^2}=-\frac{\sin\theta}{r},\quad \frac{\partial\theta}{\partial y}=\frac{\cos^2\theta}{x}$$

$$=\frac{\cos\theta}{r}\quad(\because r\cos\theta=x,r\sin\theta=y)$$

が得られる.また,$r=\sqrt{x^2+y^2}$ より,

$$\frac{\partial r}{\partial x}=\frac{x}{r}=\cos\theta,\quad \frac{\partial r}{\partial x}=\frac{y}{r}=\sin\theta$$

これらの関係を式 (A),(B) に代入すると,

$$\frac{\partial v}{\partial x}-\frac{\partial u}{\partial y}=0$$

を示すことができる.以上より渦度ベクトル $=0$ となり,自由渦は渦なし流れであることが分かる.このことは,演図 5.4 中に示した要素の流れ場中での挙動からも理解することができる.流れは回転しているが,流れに乗った要素の軸は回転せず,流体力学的には渦なしの流れとなる.

> ＊参考　ω を極座標で表すと $\omega=(1/r)(\partial/\partial r)(ru_\theta)(1/r)(\partial u_r/\partial\theta)$ であるので,$ru_\theta=\mathrm{const.}$ および $u_r=0$ より $\omega=0$ となる.

5.2

演図 5.4（問題文参照）に示すように,半径 r がある値 r_1 より小さいところで強制渦,r が r_1 より大きい外側で自由渦となるものをランキン (Rankine) の組み合わせ渦という.すなわち,

$$u_\theta=\Omega r,\ p=\frac{1}{2}\rho\Omega^2 r^2\quad(r\leqq r_1)\tag{I}$$

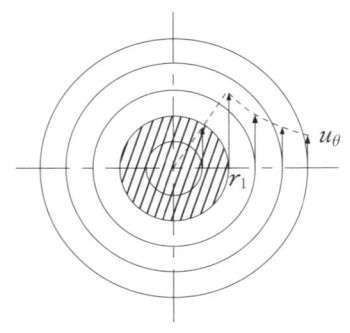

解図5.2　ランキンの組み合わせ渦

$$u_\theta = \frac{\Gamma}{2\pi}\frac{1}{r}, \quad p = p_\infty - \frac{\rho}{8\pi^2}\frac{\Gamma^2}{r^2} \quad (r > r_1) \quad (\mathrm{J})$$

である．ただし，円周速度 u_θ と圧力 p は $r = r_1$ で一致する必要があるので，$\Gamma = 2\pi\Omega r_1^2$，$p_\infty = \rho\Omega^2 r_1^2$ となる．

5.3

本問題に示すように，流線がすべて平行な直線で表される平行流の場合，速度は $\vec{u} = (u, 0, 0)$ と表される．そのとき，連続の方程式から（ただし，$\rho = $ 一定），$\partial u/\partial x = 0$ となる．すなわち，u は x に依存しない．一方，ナビエ・ストークスの方程式の y, z 成分はそれぞれ，$\partial p/\partial y = 0$，$\partial p/\partial z = 0$ となるから，p は y と z に依存しない．さらに，ナビエ・ストークスの方程式の x 成分は，左辺の対流項が自動的にゼロとなる．

2.2節の説明の式(E)の上の連続の式において，$u_\theta = u_r = 0$，を代入すると，

$$\frac{\partial u_z}{\partial z} = 0 \tag{A}$$

軸対称の流れでは u_z は θ には依存しないので，$u_z \equiv u_z(r)$ と書ける（以下 u_z を u と表す）．$u_\phi = u_r = 0$，流れは定常，軸対称ならびに式(A)の関係を用い，2.2節の説明の式(E)中第1～

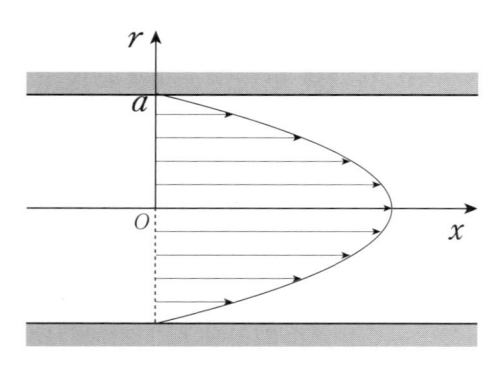

解図5.3　ハーゲン・ポアズイユ流れ
（演図5.3再掲）

第3式を変形すると，

$$0 = -\frac{1}{\rho}\frac{\partial p}{\partial r} \tag{B}$$

$$0 = -\frac{1}{\rho}\frac{\partial p}{r\partial\theta} \tag{C}$$

$$0 = -\frac{1}{\rho}\frac{\partial p}{\partial z} + \nu\left(\frac{\partial^2 u}{\partial r^2} + \frac{1}{r}\frac{\partial u}{\partial r}\right) \tag{D}$$

式(B)，(C) より，$p \equiv p(z)$ と書ける．また，$u \equiv u(r)$ より，式(D)は，

$$\frac{\mathrm{d}p}{\mathrm{d}z} = \mu\left(\frac{\mathrm{d}^2 u}{\mathrm{d}r^2} + \frac{1}{r}\frac{\mathrm{d}u}{\mathrm{d}r}\right)$$

上式の右辺を書き直すと，次の式を書くことができる．

$$\frac{\mathrm{d}p}{\mathrm{d}z} = \mu\frac{1}{r}\frac{\mathrm{d}}{\mathrm{d}r}\left(r\frac{\mathrm{d}u}{\mathrm{d}r}\right) \tag{E}$$

式(E)の左辺は z の関数で，右辺は r の関数である．したがって式(E)が恒等的に成り立つためには，$\dfrac{\mathrm{d}p}{\mathrm{d}z} = $ 一定，とならなければならない．式(E)の両辺に r を乗じた後，r で積分すると，

$$r\frac{\mathrm{d}u}{\mathrm{d}r} = \frac{1}{2\mu}\frac{\mathrm{d}p}{\mathrm{d}z}r^2 + c \quad (c \text{ は積分定数})$$

もう一度同じ操作を繰り返すと，

$$u = \frac{1}{4\mu}\frac{\mathrm{d}p}{\mathrm{d}z}r^2 + c\ln r + c' \quad (c' \text{ は積分定数})$$

$r = 0$ で速度は有限なので，$c = 0$．また，$r = a$ において $u = 0$ となることから，c' を決定することができる．結果として，次の速度分布式が得られる．

$$u = \frac{1}{4\mu}\frac{\mathrm{d}p}{\mathrm{d}z}(r^2 - a^2)$$

5.4

運動方程式は次式で与えられる．（$\rho = $ 一定，粘度 $\mu = $ 一定）

r 方向成分　$\rho\left(\dfrac{\partial v_r}{\partial t} + v_r\dfrac{\partial v_r}{\partial r} + \dfrac{v_\theta}{r}\dfrac{\partial v_r}{\partial\theta} - \dfrac{v_\theta^2}{r}\right.$

$\left. + v_z\dfrac{\partial v_r}{\partial z}\right) = -\dfrac{\partial p}{\partial r} + \mu\left[\dfrac{\partial}{\partial r}\left(\dfrac{1}{r}\dfrac{\partial}{\partial r}(rv_r)\right) + \dfrac{1}{r^2}\dfrac{\partial^2 v_r}{\partial\theta^2}\right.$

$\left. - \dfrac{2}{r^2}\dfrac{\partial v_\theta}{\partial\theta} + \dfrac{\partial^2 v_r}{\partial z^2}\right]$

θ 方向成分　$\rho\left(\dfrac{\partial v_\theta}{\partial t} + v_r\dfrac{\partial v_\theta}{\partial r} + \dfrac{v_\theta}{r}\dfrac{\partial v_\theta}{\partial\theta}\right.$

$\left. + v_z\dfrac{\partial v_\theta}{\partial z}\right) = -\dfrac{1}{r}\dfrac{\partial p}{\partial\theta} + \mu\left[\dfrac{\partial}{\partial r}\left(\dfrac{1}{r}\dfrac{\partial}{\partial r}(rv_\theta)\right)\right.$

$\left. + \dfrac{1}{r^2}\dfrac{\partial^2 v_\theta}{\partial\theta^2} + \dfrac{1}{r^2}\dfrac{\partial v_r}{\partial\theta} + \dfrac{\partial^2 v_\theta}{\partial z^2}\right]$

z方向成分　$\rho\left(\dfrac{\partial v_z}{\partial t}+v_r\dfrac{\partial v_z}{\partial r}+\dfrac{v_\theta}{r}\dfrac{\partial v_z}{\partial \theta}\right.$

$\left.+v_z\dfrac{\partial v_z}{\partial z}\right)=-\dfrac{\partial p}{\partial z}+\mu\left[\dfrac{1}{r}\dfrac{\partial}{\partial r}\left(r\dfrac{\partial v_z}{\partial r}\right)+\dfrac{1}{r^2}\dfrac{\partial^2 v_z}{\partial \theta^2}\right.$

$\left.+\dfrac{\partial^2 v_z}{\partial z^2}\right]-\rho g$

ここで，v_r, v_θ, v_zはそれぞれr, θ, z方向，速度成分である．またgは重力加速度である．流れは定常状態にあるから時間に関する偏微分はすべて0である．例えば$\dfrac{\partial v_r}{\partial t}=0$．流れは$\theta$方向の速度成分のみ有するので，$v_r=v_z=0$である．$v_\theta$は$r$のみの関数である．よって$\dfrac{\partial v_\theta}{\partial \theta}$, $\dfrac{\partial v_\theta}{\partial z}$などは$0$となる．これらの関係式を運動方程式に代入すると与えられた式が得られる．

6.1

$D_1=3.0\mathrm{cm}=3.0\times10^{-2}\mathrm{m}$

$D_2=8.0\mathrm{cm}=8.0\times10^{-2}\mathrm{m}$

$A_1=\dfrac{\pi}{4}D_1^2=\dfrac{3.14}{4}\times(3.0\times10^{-2})^2=7.07$
$\times10^{-4}\mathrm{m}^2$

$A_2=\dfrac{\pi}{4}D_2^2=\dfrac{3.14}{4}\times(8.0\times10^{-2})^2=5.02$
$\times10^{-3}\mathrm{m}^2$

連続の方程式より

$A_1v_1=A_2v_2$

$v_2=\dfrac{A_1}{A_2}v_1=\dfrac{7.07\times10^{-3}}{5.02\times10^{-3}}\times12.0=1.69\mathrm{m/s}$

ベルヌーイの定理より

$p_1+\dfrac{1}{2}\rho_w v_1^2=p_2+\dfrac{1}{2}\rho_w v_2^2$

$p_2=p_1+\dfrac{1}{2}\rho_w(v_1^2-v_2^2)$

$=200\times10^3+\dfrac{1}{2}\times998\times(12.0^2-1.69^2)$

$=200\times10^3+70.4\times10^3$

$270.4\times10^3\mathrm{Pa}=270.4\mathrm{kPa}$

6.2

(1) $v_1=\dfrac{Q}{A_1}=\dfrac{4Q}{\pi d_1^2}=\dfrac{4\times0.1}{\pi\times0.1^2}=12.7\mathrm{m/s}$

$v_2=\dfrac{Q}{A_2}=\dfrac{4Q}{\pi d_2^2}=\dfrac{4\times0.1}{\pi\times0.2^2}=3.18\mathrm{m/s}$

(2) ベルヌーイの定理より

$\dfrac{v_1^2}{2g}+\dfrac{p_1}{\rho g}=\dfrac{v_2^2}{2g}+\dfrac{p_2}{\rho g}+H$

$\Leftrightarrow\dfrac{p_2}{\rho g}=\dfrac{p_1}{\rho g}+\dfrac{v_1^2}{2g}-\dfrac{v_2^2}{2g}-H$

$\Leftrightarrow p_2=p_1+\dfrac{\rho}{2}(v_1^2-v_2^2)-\rho gH$

(3) $p_2=1.0\times10^5+\dfrac{1000}{2}\times(12.7^2-3.18^2)$

$\qquad-1000\times9.80\times5.0=1.27\times10^5\mathrm{Pa}$

6.3

上流側（下側）パイプ内の速度，圧力をV_1, P_1とし，下流側（上側）をV_2, P_2とする．ベルヌーイの定理より，

$P_1+\dfrac{\rho V_1^2}{2}=P_2+\dfrac{\rho V_2^2}{2}+\rho gh$

$(\rho=800\mathrm{kg/m}^3,\ h=1\mathrm{m})$

上流側のパイプ断面積が下流側の4倍になることから，流量保存より，

$4V_1=V_2$

以上の2式より，

$P_1-P_2=\dfrac{15\rho V_1^2}{2}+\rho gh$　　　　(A)

また，U字管内における圧力の釣り合いより，

$P_1+\rho g\times0.2=P_2+\rho g\times1+\rho_{Hg}g\times0.2$

$(\rho_{Hg}=13600\mathrm{kg/m}^3)$

上式に(A)の関係を代入して，

$P_1-P_2=\dfrac{15\rho V_1^2}{2}+\rho gh=\rho g\times0.8+\rho_{Hg}g\times0.2,$

$\therefore V_1=2.04\mathrm{m/s}$

流量は，$2.04\times\pi\times(0.05)^2=16.1\times10^{-3}\mathrm{m}^3/\mathrm{s}$
$\equiv16.1\mathrm{L/s}$

6.4

(1) 位置①，②にベルヌーイの定理を適用すると

$\dfrac{p_1}{\rho g}+\dfrac{v_{m1}^2}{2g}+z_1=\dfrac{p_2}{\rho g}+\dfrac{v_{m2}^2}{2g}+z_2$

ここでρは密度$[\mathrm{kg/m}^3]$，gは重力加速度$[\mathrm{m/s}^2]$，v_{m1}は①での断面平均流速$[\mathrm{m/s}]$，z_1とz_2は①と②の位置$[\mathrm{m}]$，p_2とv_{m2}は②での圧力$[\mathrm{Pa}]$と断面平均流速$[\mathrm{m/s}]$である．

いまの場合$p_1=150\times10^3\mathrm{Pa}$，$\rho=998\mathrm{kg/m}^3$，$v_{m1}=v_{m2}=2.5\mathrm{m/s}$，$g=9.80\mathrm{m/s}^2$，$p_2=p_v$と代入すると，

$z_2-z_1=\dfrac{p_1-p_v}{\rho g}$

$$= \frac{150 \times 10^3 - 2.34 \times 10^3}{998 \times 9.80} = 15.1\,\mathrm{m}$$

(2)　$\dfrac{p_1}{\rho g} + \dfrac{v_{m1}}{2g} + z_1 = \dfrac{p_2}{\rho g} + \dfrac{v_{m2}^2}{2g} + z_2 + h_L$

$$h_L = \lambda \frac{z_2 - z_1}{D} \frac{v_{m1}^2}{2g}$$

ここで，h_Lは圧力損失水頭，λは管摩擦係数である．(1)と同様にして整理すると

$$\frac{p_1}{\rho g} + z_1 = \frac{p_v}{\rho g} + z_2 + \lambda \frac{z_2 - z_1}{D} \frac{v_{m1}^2}{2g}$$

$$(z_2 - z_1)\Big[1 + \frac{\lambda}{D} \frac{v_{m1}^2}{2g}\Big] = \frac{p_1 - p_v}{\rho g}$$

$$z_2 - z_1 = (p_1 - p_v)\Big/\Big[\rho g\Big(1 + \frac{\lambda}{D} \frac{v_{m1}^2}{2g}\Big)\Big]$$

ここでλの評価を行う．レイノルズ数Re は

$$\mathrm{Re} = \frac{v_{m1} D}{\nu}$$

$$= \frac{2.5 \times 0.030}{0.821 \times 10^{-6}}$$

$$= 9.14 \times 10^4 [\,-\,]$$

管摩擦係数λはブラジウスの式を用いて計算できる．

$$\lambda = \frac{0.3164}{\mathrm{Re}^{1/4}} = \frac{0.3164}{(9.14 \times 10^4)^{1/4}} = 0.0182$$

$$z_2 - z_1 = \frac{150 \times 10^3 - 2.34 \times 10^3}{998 \times 9.80\Big(1 + \frac{0.0182}{0.030} \frac{2.5^2}{2 \times 9.80}\Big)}$$

$$= 12.7\,\mathrm{m}$$

6.5

　①と②に関する連続の方程式と損失を考慮したベルヌーイの定理は次式で与えられる．

$$\frac{\pi}{4} D^2 v_{m1} = \frac{\pi}{4} d^2 v_{m2}$$

$$\frac{p_1}{\rho g} + \frac{v_{m1}^2}{2g} + z_1 = \frac{p_2}{\rho g} + \frac{v_{m2}^2}{2g} + z_2 + \lambda \frac{L}{d} \frac{v_{m2}^2}{2g}$$

ここで，$p_1 = p_2 = p_0$（大気圧），$z_1 = h_1$，$z_2 = 0$を上式に代入すると

$$\frac{v_{m1}^2}{2g} + h = \frac{v_{m2}^2}{2g} + \lambda \frac{L}{d} \frac{v_{m2}^2}{2g}$$

ここで管路は非常に長いので$v_{m1}^2/(2g)$と$v_{m2}^2/(2g)$はともに摩擦圧力損失に比べて小さく，無視できると仮定するとベルヌーイの定理は，

$$h = \lambda \frac{L}{d} \frac{v_{m2}^2}{2g}$$

となるが，$\lambda = \dfrac{64\nu}{v_{m2}d}$を代入するとつぎのよう

になる．

$$h = \frac{64\nu}{v_{m2}d} \frac{L}{d} \frac{v_{m2}^2}{2g} = \frac{32\nu L}{gd^2} v_{m2}$$

連続の方程式中のv_{m1}は

$$v_{m1} = -\frac{\mathrm{d}h}{\mathrm{d}t}$$

とおけるので，$-\dfrac{\mathrm{d}h}{\mathrm{d}t} = \Big(\dfrac{d}{D}\Big)^2 v_{m2}$

と表される．したがって

$$-\frac{\mathrm{d}h}{\mathrm{d}t} = \Big(\frac{d}{D}\Big)^2 \frac{gd^2}{32\nu L} h$$

$$\frac{\mathrm{d}h}{h} = -\frac{gd^2}{32\nu L} \mathrm{d}t \times \Big(\frac{d}{D}\Big)^2$$

$$\ln h = -\frac{gd^4}{32\nu L D^2} t + C$$

ここでCは積分定数である．
初期条件は$t = 0$で$h = H$であるから，
　$C = \ln H$

したがって，$\ln h = -\dfrac{gd^4 t}{32\nu L D^2} + \ln H$

$$\frac{h}{H} = \mathrm{e}^{-\frac{gd^4}{32\nu L D^2} t}$$

6.6

$h = \lambda \dfrac{L}{d} \dfrac{v_{m2}^2}{2g}$ ここで$\lambda = 0.3164\Big(\dfrac{\nu}{v_m d}\Big)^{\frac{1}{4}}$

$$\frac{L}{d} \frac{v_{m2}^2}{2g} = 0.3164\Big(\frac{\nu}{d}\Big)^{\frac{1}{4}} \frac{L}{d} \frac{1}{2g} (v_{m2})^{\frac{7}{4}}$$

$$= k v_{m2}^{\frac{7}{4}}$$

$$k = 0.3164\Big(\frac{\nu}{d}\Big)^{\frac{1}{4}} \frac{L}{2gd}$$

$$v_{m2} = \Big(\frac{h}{k}\Big)^{\frac{4}{7}}$$

この関係式を連続の方程式に代入すると，

$$-\frac{\mathrm{d}h}{\mathrm{d}t} = \Big(\frac{d}{D}\Big)^2 \Big(\frac{1}{k}\Big)^{\frac{4}{7}} h^{\frac{4}{7}}$$

$$-h^{\frac{4}{7}} \mathrm{d}h = \Big(\frac{d}{D}\Big)^2 \Big(\frac{1}{k}\Big)^{\frac{4}{7}} \mathrm{d}t$$

$$-\frac{7}{3} h^{\frac{3}{7}} = \Big(\frac{d}{D}\Big)^2 \Big(\frac{1}{k}\Big)^{\frac{4}{7}} t + C$$

ここでCは積分定数である．初期条件は
　$t = 0$で$h = H$

$$C = -\frac{7}{3} H^{\frac{3}{7}}$$

$$\frac{7}{3}\Big(H^{\frac{3}{7}} - h^{\frac{3}{7}}\Big) = \Big(\frac{d}{D}\Big)^2 \Big(\frac{1}{k}\Big)^{\frac{4}{7}} t$$

$$H^{\frac{3}{7}} - h^{\frac{3}{7}} = \frac{3}{7}\Big(\frac{d}{D}\Big)^2 \Big(\frac{1}{k}\Big)^{\frac{4}{7}} t$$

6.7

　演図6.7中の①と②にベルヌーイの定理を適用すれば,

$$\frac{p_1}{\rho g}+\frac{v_{m1}^2}{2g}+z_1=\frac{p_2}{\rho g}+\frac{v_{m2}^2}{2g}+z_2$$

連続の方程式より

$$\frac{\pi}{4}D^2 v_{m1}=\frac{\pi}{4}d^2 v_{m2}$$

$$v_{m1}=\left(\frac{d}{D}\right)^2 v_{m2}\fallingdotseq 0$$

ここで, $p_1=p_2=p_0$（大気圧）, $v_{m1}=0$, $z_1=h$, $z_2=0$をベルヌーイの定理に代入すれば,

$$v_{m2}=\sqrt{2gh}$$

再び連続の方程式に着目すると

$$v_{m1}=-\frac{\mathrm{d}h}{\mathrm{d}t}$$

であるから,

$$-\frac{\mathrm{d}h}{\mathrm{d}t}=\left(\frac{d}{D}\right)^2 v_{m2}=\left(\frac{d}{D}\right)^2\sqrt{2gh}$$

$$-\frac{\mathrm{d}h}{\sqrt{h}}=\sqrt{2g}\left(\frac{d}{D}\right)^2 \mathrm{d}t$$

この微分方程式を初期条件$h=H\mathrm{d}t$, $t=0$のもとに解けば,

$$H^{\frac{1}{2}}-h^{\frac{1}{2}}=\frac{\sqrt{2g}}{2}\left(\frac{d}{D}\right)^2 t$$

6.8

　ベルヌーイの定理は

$$\frac{p_1}{\rho g}+\frac{v_{m1}^2}{2g}+z_1=\frac{p_3}{\rho g}+\frac{v_{m3}^2}{2g}+z_3+h_L$$

与えられた条件下

$$p_1=p_3=p_0（大気圧）,$$
$$v_{m1}\fallingdotseq 0,\ z_1=H_1,\ z_3=0$$

であり, 損失水頭は

$$h_L=\xi_{in}\frac{v_{m2}^2}{2g}+\lambda_2\frac{L_2}{D_2}\frac{v_{m2}^2}{2g}$$
$$+\xi_{ex}\frac{v_{m1}^2}{2g}+\lambda\frac{L_3}{D_3}\frac{v_{m3}^2}{2g}$$

で与えられる. 連続の方程式は

$$\frac{\pi}{4}D_2^2 v_{m2}=\frac{\pi}{4}D_3^2 v_{m3}$$

であるから

$$v_{m2}=\left(\frac{D_3}{D_2}\right)^2 v_{m3}$$

上記関係を用いるとベルヌーイの定理は,

$$H=\left[\xi_{in}\left(\frac{D_3}{D_2}\right)^4+\lambda_2\frac{L_2}{D_2}\left(\frac{D_3}{D_2}\right)^4\right.$$

$$\left.+\xi_{ex}\left(\frac{D_3}{D_2}\right)^4+\lambda_3\frac{L_3}{D_3}+1\right]\frac{v_{m3}^2}{2g}$$

ここで, $\xi_{in}=0.5$, $\lambda_2=\lambda_3=0.03$, $\xi_{ex}=0.309$を代入して整理すると,

$$3.0=\left[0.5\times 5.06+0.03\times\frac{2.0}{0.020}\right.$$

$$\times 5.06+0.309\times 5.06+0.03$$

$$\left.\times\frac{2.0}{0.030}+1\right]\frac{v_{m3}^2}{2\times 9.80}$$

$$3.0=\frac{22.27}{19.6}v_{m3}^2=1.136 v_{m3}^2$$

$$v_{m3}=(4.0/1.136)^{\frac{1}{2}}=1.88\,\mathrm{m/s}$$

$$Q=\frac{\pi}{4}D_3^2 v_{m3}=\frac{3.14}{4}\times(0.030)^2$$

$$\times 1.62=0.00114\,\mathrm{m^3/s}$$

6.9

　問題6.8の結果を用いれば, ベルヌーイの定理は次式で与えられる.

$$3.0=(2.53+506\lambda_2+1.56+66.67\lambda_3+1)\frac{v_{m3}^2}{19.6}$$

$$=(0.26+25.82\lambda_2+3.40\lambda_3)v_{m3}^2$$

まず流れが乱流であると仮定して, λ_2とλ_3にブラジウスの式を用いる.

$$\lambda_2=\frac{0.3164}{\mathrm{Re}_2^{1/4}},\ \ \mathrm{Re}_2=\frac{v_{m2}D_2}{\nu}$$

$$\lambda_3=\frac{0.3164}{\mathrm{Re}_3^{1/4}},\ \ \mathrm{Re}_3=\frac{v_{m3}D_3}{\nu}$$

$$\lambda_2=0.3164\left(\frac{\nu}{D_2}\right)^{\frac{1}{4}}v_{m2}^{-\frac{1}{4}}$$

$$=0.3164\left(\frac{\nu}{D_2}\right)^{\frac{1}{4}}\left[\left(\frac{D_3}{D_2}\right)^2 v_{m3}\right]^{-\frac{1}{4}}$$

$$=0.3164\left(\frac{\nu}{D_2}\right)^{\frac{1}{4}}\left(\frac{D_3}{D_2}\right)^{-\frac{1}{2}}v_{m3}^{-\frac{1}{4}}$$

$$=0.3164\left(\frac{1.00\times 10^{-6}}{0.020}\right)^{\frac{1}{4}}\left(\frac{0.030}{0.020}\right)^{-\frac{1}{2}}v_{m3}^{-\frac{1}{4}}$$

$$=0.3164\times 0.0841\times 0.816 v_{m3}^{-\frac{1}{4}}$$

$$=0.0217 v_{m3}^{-\frac{1}{4}}$$

$$\lambda_3=0.3164\left(\frac{\nu}{D_3}\right)^{\frac{1}{4}}v_{m3}^{-\frac{1}{4}}$$

$$=0.3164\left(\frac{1.0\times 10^{-6}}{0.030}\right)v_{m3}^{-\frac{1}{4}}$$

$$=0.0240 v_{m3}^{-\frac{1}{4}}$$

したがって

$$3.0=\left[0.26+25.82\times 0.0217 v_{m3}^{-\frac{1}{4}}\right.$$

$$+3.40\times0.0240v_{m3}-\frac{1}{4}\Big]v_{m3}^2$$

まず，前問を参考にして，$v_{m3}=1.88\mathrm{m/s}$ を上式[　]内の v_{m3} に用い，上式が成り立つ v_{m3} を求める．この v_{m3} を再度[　]に用い，繰り返し作業を行うと，上式が成り立つ正確な v_{m3} として，$v_{m3}=1.93\mathrm{m/s}$ が求まる．ここで注意すべきことは，この断面平均流速 v_{m3} を用いて計算したレイノルズ数 Re_3 と Re_2 がブラジウスの式の成立するレイノルズ数の範囲（3000～1×10^5）に入っているかどうかを確認することである．

$$\mathrm{Re}_2=\frac{v_{m2}D_2}{\nu}=1.93\times\left(\frac{0.030}{0.020}\right)^2\times0.020$$

$$\times\frac{1}{1.00\times10^{-6}}=8.69\times10^4$$

$$\mathrm{Re}_3=\frac{v_{m3}D_3}{\nu}=\frac{1.93\times0.030}{1.00\times10^{-6}}=5.79\times10^4$$

したがって，λ_2 と λ_3 にブラジウスの式を用いて解を求めたことは適切であるといえる．

6.10

①と②に対するベルヌーイの定理は

$$\frac{p_1}{\rho g}+\frac{v_{m1}^2}{2g}+z_1=\frac{p_2}{\rho g}+\frac{v_{m2}^2}{2g}+z_2$$

ここで，$p_1=p_g+p_0=500\times10^3\mathrm{Pa}+p_0$（大気圧）

$$v_{m1}=0$$
$$z_1=H=1.0\mathrm{m}$$
$$p_2=p_0$$
$$z_2=0$$
$$v_{m2}=v$$

を代入すると，

$$\frac{p_g+p_0}{\rho g}+0+H=\frac{p_0}{\rho g}+\frac{v^2}{2g}+0$$

$$\frac{v^2}{2g}=\frac{p_g}{\rho g}+H$$

$$v=\sqrt{\frac{2p_g}{\rho}+2gH}$$

$$=\sqrt{\frac{2\times500\times10^3}{1000}+2\times9.80\times1.0}$$

$$=\sqrt{1019.6}=31.9\mathrm{m/s}$$

7.1

(1) $\phi=a(x^2-y^2)$

$$u=\frac{\partial\phi}{\partial x}=2ax \quad v=\frac{\partial\phi}{\partial y}=-2ay$$

(2) $\dfrac{\partial u}{\partial x}+\dfrac{\partial u}{\partial y}=2a-2a=0$ より連続の方程式を満たす．

(3) $\dfrac{\mathrm{d}x}{u}=\dfrac{\mathrm{d}y}{v}$ より，$\dfrac{\mathrm{d}x}{2ax}=\dfrac{\mathrm{d}y}{-2ay}$

$$\log x=-\log y+c \quad \therefore xy=c$$

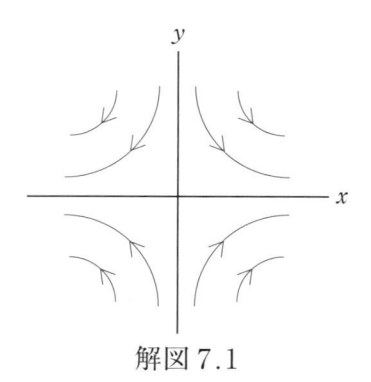

解図 7.1

7.2

$$u=\frac{\partial\phi}{\partial x}=ax+by$$

$$v=\frac{\partial\phi}{\partial y}=bx-ay$$

$$\frac{\partial u}{\partial x}+\frac{\partial v}{\partial y}=a-a=0$$

よって連続の方程式を満たす．

7.3

(1) 2次元流れについて調べる．オイラーの運動方程式（2.1 節の説明中式（B））の x 方向成分を y で偏微分したものから，オイラーの運動方程式の y 方向成分を x で偏微分したものを差し引くと，圧力と外力の項が消えて，

$$\frac{\partial\omega}{\partial t}+u\frac{\partial\omega}{\partial x}+v\frac{\partial\omega}{\partial y}=0 \quad \left(\omega=\frac{\partial v}{\partial x}-\frac{\partial u}{\partial y}\right)$$

となる．

(2) したがって，渦なし流れ（$\omega=0$）はオイラーの運動方程式の解の1つであることが分かる．

7.4

(1) 流線が交差すると，交点で速度ベクトルが2つ存在することになり，矛盾が生じるため．

(2) 流線を横切る流れは無いので，1つの流管内の流量は一定に保たれる．流量一定で断面積が小さくなると速度は速くな

る.

(3) 流れ関数や速度ポテンシャルを用いると速度の2成分（2次元流）または3成分（3次元流）を1つのスカラーで表すことができるので，変数の数が減る．また，流れ関数を用いると，連続の方程式を自動的に満たすことができる．

(4) 圧縮性流体では密度，速度3成分，圧力の5つの未知量がある．しかし，運動方程式と連続の方程式だけでは，式の数が4つにしかならず，原理的に解けない．

7.5

速度ポテンシャル $\phi = C_0 xy$ を x と y でそれぞれ2回微分することにより，与えられた速度ポテンシャルが $\nabla^2 \phi = 0$ を満足することは明らかである．そのとき，

$$\frac{\partial u}{\partial y} + \frac{\partial v}{\partial x} = 2C_0 \neq 0$$

となり，ひずみ速度はゼロにならない．つまり，"ポテンシャル流れの場合，ひずみ速度はゼロにならない"と断定することはできない．

7.6

原点に置かれた湧き出しの速度ポテンシャルは，3.1.3項の説明より

$$\phi = \frac{q}{2\pi} \log r \quad (q：流量) \tag{A}$$

となる．式(A)を微分することによって，流れ場は簡単に求めることができる．

$$u = \frac{\partial \phi}{\partial x} = \frac{\partial \phi}{\partial r} \frac{\partial r}{\partial x} = \frac{qx}{2\pi r^2},$$

$$v = \frac{\partial \phi}{\partial y} = \frac{\partial \phi}{\partial r} \frac{\partial r}{\partial y} = \frac{qy}{2\pi r^2} \tag{B}$$

この結果から

$$\frac{\partial u}{\partial x} = \frac{q}{2\pi r^2}\left(1 - \frac{2x^2}{r^2}\right) \tag{C}$$

$$\frac{\partial v}{\partial y} = \frac{q}{2\pi r^2}\left(1 - \frac{2y^2}{r^2}\right) \tag{D}$$

を得る．

7.7

問題の式を r で微分することにより，r 方向の速度 u_r は

$$u_r = \frac{\partial \phi}{\partial r} = \frac{m}{r^2} \tag{A}$$

となる．

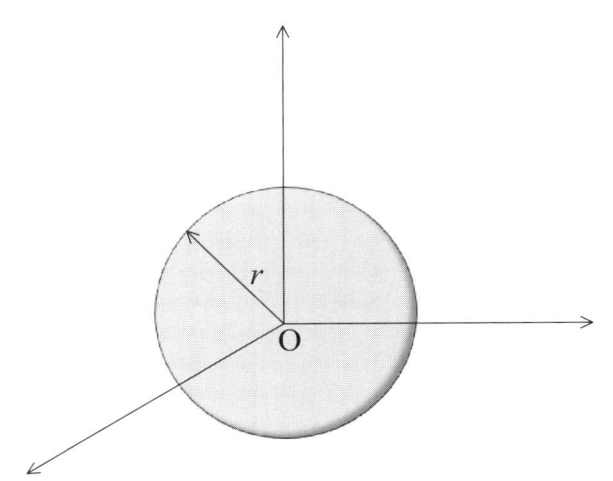

解図7.2　吹き出し(原点)を囲む半径 r の球面

上式より，$m > 0$ のとき吹き出し，$m < 0$ のとき吸い込みとなる．解図7.2のように，原点に存在する吹き出し(吸い込み)を囲む半径 r の球面を考える．球面を通過する流量は，

$$Q = \frac{m}{r^2} \times 4\pi r^2 = 4\pi m$$

7.8

まず，一様流 U_0 による速度ポテンシャル $\phi_1 = U_0 x$ が考えられる．次に，球表面上での法線方向速度を打ち消すように，2重吹き出しを原点（球の中心）に置く．2重吹き出しによる速度ポテンシャルは章頭説明3.1.3の式から，$\phi_2 = -mx/(x^2 + y^2 + z^2)^{3/2}$ である．球を過ぎる流れの速度ポテンシャル ϕ は，ϕ_1 と ϕ_2 を一次結合して，

$$\phi = \phi_1 + \phi_2 = U_0 x - \frac{mx}{4\pi(x^2 + y^2 + z^2)^{3/2}} \tag{A}$$

となる．式(A)を解図7.3に示される極座標 $(x, y, z) = (r\cos\varphi, r\sin\varphi\cos\theta, r\sin\varphi\sin\theta)$ に変換すると，

$$\phi = \left(U_0 r - \frac{m}{r^2}\right)\cos\varphi \tag{B}$$

となる．ポテンシャル流れでは，物体表面上の境界条件は法線方向速度成分がゼロ $(u_n = 0)$ である．粘性流体の場合，流れが静止した物体を過ぎるとき，物体表面上での境界条件は $u = 0$ （すべりなし）で与えられる．ポテンシャル流れでは，固体壁面上での境界条件は法線方向のみ課せばよく，そのためすべり速度（接線方向速度）はゼロではない．

$$u_n = \left.\frac{\partial \phi}{\partial r}\right|_{r=a} = \left(U_0 + \frac{2m}{4\pi r^3}\right)_{r=a} \cos\varphi = 0 \tag{C}$$

となり，未定定数 m は $m=-2\pi U_0 a^3$ と決定できる．したがって，速度ポテンシャル ϕ は次式のように求まる．

$$\phi = U_0 x\left(1+\frac{1}{2}\frac{a^3}{r^3}\right) \tag{D}$$

これらの作業は，ラプラス方程式 $\nabla^2\phi=0$ を境界条件 $\left(\dfrac{\partial\phi}{\partial r}\right)_{r=a}=0$ のもとで解いたことになっていることに留意されたい．

なお，球表面に沿う速度成分 u_s は，

$$u_s = \left.\frac{\partial\phi}{r\partial\varphi}\right|_{r=a} = -U_0\left(1+\frac{1}{2}\frac{a^3}{r^3}\right)_{r=a}\sin\varphi$$

$$= -\frac{3}{2}U_0\sin\varphi \tag{E}$$

として求められる．式(E)から，$\varphi=0$ および $\varphi=\pi$（球の前後の x 軸上）で速度 $u_s=0$（よどみ点）となり，$\varphi=\dfrac{\pi}{2}$ で $|u_s|$ の最大値 $|u_s|=\dfrac{3}{2}U_0$ となる（φ は x 軸から反時計まわりを正にしていることに注意せよ）．

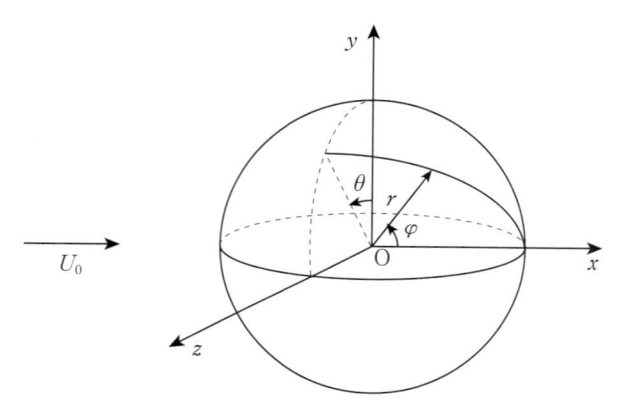

解図 7.3　一様流中に置かれた球とその極座標
（演図 7.2 再掲）

8.1

(1) $\dfrac{\mathrm{d}W}{\mathrm{d}z}=u-\mathrm{i}v$

　　　$=\alpha(\cos\beta-\mathrm{i}\sin\beta)$

　　$\therefore u=\alpha\cos\beta$
　　　$v=\alpha\sin\beta$

(2) $W=\alpha(\cos\beta-\mathrm{i}\sin\beta)(x+\mathrm{i}y)$
　　　$=\alpha\{(x\cos\beta+y\sin\beta)+\mathrm{i}(-x\sin\beta+y\cos\beta)\}$
　　　$=\phi+\mathrm{i}\psi$
　　$\therefore \phi=\alpha(x\cos\beta+y\sin\beta)$
　　　$\psi=\alpha(-x\sin\beta+y\cos\beta)$

$\psi=C$（一定値）が流線になる．流線は解図

8.1 の通り
流線の方程式　$y=(\tan\beta)\cdot x+C$

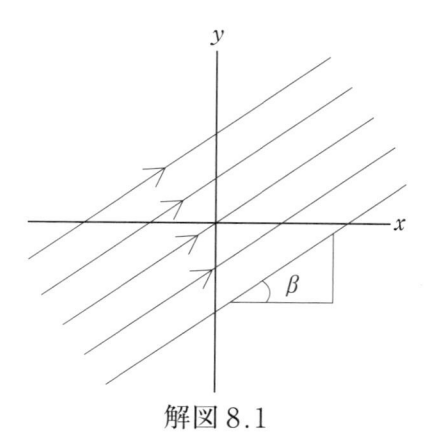

解図 8.1

8.2

(1) $W_1=\dfrac{q}{2\pi}\log z$

$$u-\mathrm{i}v=\frac{\mathrm{d}W_1}{\mathrm{d}z}=\frac{q}{2\pi}\frac{1}{z}=\frac{q}{2\pi}\frac{x-\mathrm{i}y}{x^2+y^2}$$

$$\therefore u=\frac{q}{2\pi}\frac{x}{x^2+y^2}\quad v=\frac{q}{2\pi}\frac{y}{x^2+y^2}$$

(2) $W=\dfrac{q}{2\pi}\log z+Uz$ より

$$u-\mathrm{i}v=\frac{\mathrm{d}W}{\mathrm{d}z}=\frac{q}{2\pi}\frac{x-\mathrm{i}y}{x^2+y^2}+U\ \text{より}$$

$$\therefore u=\frac{q}{2\pi}\frac{x}{x^2+y^2}+U\quad v=\frac{q}{2\pi}\frac{y}{x^2+y^2}$$

(3) $v=\dfrac{q}{2\pi}\dfrac{y}{x^2+y^2}=0$ より　$y=0$

$$u=\frac{q}{2\pi}\frac{x}{x^2+y^2}+U=0\ \text{より}$$

$$x=-\frac{q}{2\pi U}$$

(4) $W_3=\dfrac{q}{2\pi}\log z+Uz\quad z=re^{\mathrm{i}\theta}$ より

$$=\frac{q}{2\pi}(\log r+\mathrm{i}\theta)+Ur(\cos\theta+\mathrm{i}\sin\theta)$$

$$=\frac{q}{2\pi}\log r+Ur\cos\theta+\mathrm{i}\left\{\frac{q\theta}{2\pi}+Ur\sin\theta\right\}$$

$$=\phi+\mathrm{i}\psi$$

$$\psi=\frac{q\theta}{2\pi}+Ur\sin\theta$$

$\theta=\pi$ によって $\psi=\dfrac{q}{2}$ で一定となる．

すなわち $x<0$ の領域において x 軸が流線となる．

(5) x 軸上において

$$u=\frac{q}{2\pi x}+U,\quad v=0$$

$x \to -\infty$ では，
$$u=U,\quad v=0$$

x 軸上の任意の点 $(x,\ 0)$ と無限遠の点 $(-\infty,\ 0)$ でベルヌーイの定理を適用すると，

$$P=P_0-\frac{\rho q}{2\pi x}\left(\frac{q}{4\pi x}+U\right)$$

8.3

いま，一様流れの圧力を p_∞ とし，点 P での速度を u_θ，圧力を p とすればベルヌーイの定理および問題部の式より，次の関係が得られる．

$$\frac{U_\infty^2}{2}+\frac{p_\infty}{\rho}=\frac{u_\theta^2}{2}+\frac{p}{\rho}\qquad(A)$$

式(A)を整理すると，

$$\frac{p-p_\infty}{\frac{1}{2}\rho U_\infty^2}=1-\frac{u_\theta^2}{U_\infty^2}=1-4\sin^2\theta\qquad(B)$$

となる．いま，圧力係数

$$C_p=\frac{p-p_\infty}{\frac{1}{2}\rho U_\infty^2}\qquad(C)$$

を用いると，点 P の圧力係数は

$$C_p=1-4\sin^2\theta\qquad(D)$$

で表される．これを図示すると，解図 8.2 の実線のようになり，円柱の中心を通る流れに直角な線に対して，圧力分布は前後対称となる．しかし実際では，粘性の影響により流体は物体の表面からはく離し，その後方では圧力の低い領域が形成される．この前方の圧力と後方の圧力の差が，物体が流体から受ける圧力抵抗である．解図 8.2 には，実験によって得られた圧力係数の値もあわせてプロットしてある．

話を元に戻そう．円柱が流体から受ける圧力抵抗 D_p は，円柱表面上の微小な線素の長さ ds は $ad\theta$ であることに注意して，式(B)の圧力 p の流れ方向成分 $(p\cos\theta)$ を円柱表面上で一周積分して

$$D_p=\int_0^{2\pi} p\cos\theta\,a\,d\theta=\int_0^{2\pi}$$
$$\left\{\frac{\rho}{2}U_\infty^2(1-4\sin^2\theta)+p_\infty\right\}a\cos\theta\,d\theta\qquad(E)$$

となる．ここで，$\displaystyle\int_0^{2\pi}\cos\theta\,d\theta$ および $\displaystyle\int_0^{2\pi}\cos\theta$

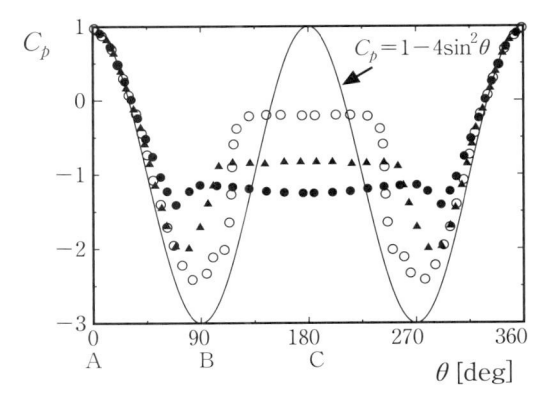

解図 8.2　一様流れ中の円柱表面の圧力分布（●：Re＝1.1 × 10^5，○：Re＝6.7 × 10^5，▲：Re＝8.4×10^6）

$\sin^2\theta\,d\theta=\displaystyle\int_0^{2\pi}(\sin\theta)'\sin^2\theta\,d\theta$ は，それぞれゼロとなるので，結局，式(E)で求められる圧力抵抗はゼロとなる．このように，（粘性のない）完全流体の一様な流れの中にある円柱は抵抗を受けないことになる．この現象は実際と矛盾するので，ダランベールのパラドックスといわれている．この矛盾は，流体が持つ粘性の影響（すべりなしの境界条件）を考慮することで解決される．

8.4

3.2 の説明を参照して，一様流，2 重吹き出し，渦糸（自由渦）による複素速度ポテンシャルの一次結合から，複素速度ポテンシャル W は

$$W=U_0 z+\frac{m}{2\pi z}+\frac{i\Gamma}{2\pi}\log z\qquad(A)$$

のように表される．円柱表面上では $z=ae^{i\theta}$ であるので，$i^2=-1$ に注意すると，式(A)は

$$W=\phi+i\psi=U_0 ae^{i\theta}+\frac{m}{2\pi a}e^{-i\theta}+\frac{i\Gamma}{2\pi}(\log a+i\theta)$$
$$=U_0 a(\cos\theta+i\sin\theta)+\frac{m}{2\pi a}(\cos\theta-i\sin\theta)$$
$$+\frac{i\Gamma}{2\pi}\log a-\frac{\Gamma}{2\pi}\theta\qquad(B)$$

となる．したがって，円柱表面上での流れ関数 ψ は

$$\psi=U_0 a\sin\theta-\frac{m}{2\pi a}\sin\theta+\frac{\Gamma}{2\pi}\log a\qquad(C)$$

となる．境界条件から，円柱表面上では $\varphi=$ 一定になる必要があるので，2 重吹き出しの強さは $m=2\pi U_0 a^2$ と決まる．

一方，式(A)を z で微分して得られる複素速

度 w は，$m=2\pi U_0 a^2$ と $z=ae^{\mathrm{i}\theta}$（円柱表面上）を代入して，

$$w=u-\mathrm{i}v=U_0(1-e^{-2\mathrm{i}\theta})+\frac{\mathrm{i}\Gamma}{2\pi a}e^{-\mathrm{i}\theta} \quad\text{(D)}$$

となる．ここで，円柱表面上の角度 θ の位置における接線方向速度成分 u_s は $u_s=v\cos\theta-u\sin\theta$ であることに注意すると，式(D)から u_s は

$$u_s=-2U_0\sin\theta+\frac{\Gamma}{2\pi a} \quad\text{(E)}$$

となる．ところで，半径 a の円柱が回転するときの循環は，

$$\int_0^{2\pi}u_s a\,\mathrm{d}\theta=a\int_0^{2\pi}$$
$$\left(-2U_0\sin\theta-\frac{\Gamma}{2\pi a}\right)\mathrm{d}\theta=\Gamma \quad\text{(F)}$$

となり，Γ が循環に等しいことがわかる．したがって，本問題における複素速度は次式となる．

$$w=\frac{\mathrm{d}W}{\mathrm{d}z}=U_0\left(1-\frac{a^2}{z^2}\right)-\frac{\mathrm{i}\Gamma}{2\pi}\frac{1}{z} \quad\text{(G)}$$

よどみ点の位置（$|w|=0$）は，

$$\frac{z_s}{a}=\frac{\mathrm{i}\Gamma}{4\pi aU_0}\pm\sqrt{1-\left(\frac{\Gamma}{4\pi aU_0}\right)^2} \quad\text{(H)}$$

のように求められる．ここには示さないが，この流れは $4\pi aU_0$ と $|\Gamma|$ の大きさによって3通りに分類できる．

8.5

円柱に働く抵抗 D と揚力 L はそれぞれ圧力 p の x，y 方向成分を円柱表面で積分して求められる．つまり，

$$D=a\int_0^{2\pi}p\cos\theta\mathrm{d}\theta \quad\text{(A)}$$

$$L=-a\int_0^{2\pi}p\sin\theta\mathrm{d}\theta \quad\text{(B)}$$

である．圧力 p は，無限遠方と円柱表面上とのベルヌーイの定理

$$\frac{p}{\rho}+\frac{1}{2}|u_s|^2=\frac{p_\infty}{\rho}+\frac{1}{2}U_0^2 \quad\text{(C)}$$

の u_s に問題8.3の式(E)を代入することによって，

$$\frac{p-p_\infty}{\rho}=\frac{1}{2}U_0^2-\frac{1}{2}\left(-2U_0\sin\theta+\frac{\Gamma}{2\pi}\frac{1}{a}\right)^2 \quad\text{(D)}$$

となる．式(D)を式(A)と式(B)に代入して，

$$D=-\frac{\rho a}{2}\int_0^{2\pi}\left[4U_0^2\sin^2\theta-\frac{2\Gamma}{\pi}\frac{U_0}{a}\sin\theta\right.$$

$$\left.+\left(\frac{\Gamma}{2\pi}\frac{1}{a}\right)^2\right]\cos\theta\mathrm{d}\theta \quad\text{(E)}$$

$$L=\frac{\rho a}{2}\int_0^{2\pi}\left[4U_0^2\sin^2\theta-\frac{2\Gamma}{\pi}\frac{U_0}{a}\sin\theta\right.$$

$$\left.+\left(\frac{\Gamma}{2\pi}\frac{1}{a}\right)^2\right]\sin\theta\mathrm{d}\theta$$

$$\left(\int_0^{2x}\frac{1}{2}U_0^2\cos\mathrm{d}\theta=0\text{に注意}\right) \quad\text{(F)}$$

となる．ここで，$\int_0^{2\pi}\sin^2\theta\cos\theta\mathrm{d}\theta=0$，

$$\int_0^{2\pi}\sin\theta\cos\theta\mathrm{d}\theta=0,\quad\int_0^{2\pi}\cos\theta\mathrm{d}\theta=0$$

$$\int_0^{2\pi}\sin^3\theta\mathrm{d}\theta=0,\quad\int_0^{2\pi}\sin^2\theta\mathrm{d}\theta=\pi,$$

$$\int_0^{2\pi}\sin\theta\mathrm{d}\theta=0\text{ を考慮して，}$$

$$D=0,\quad L=-\rho U_0\Gamma \quad\text{(G)}$$

を得る．式(G)の第1式は"定常流中の円柱には抵抗は働かない"ことになり，実問題と矛盾する結果を与える．これはダランベール（D'Alembert）のパラドックスと呼ばれている．一方，式(G)の第2式は"円柱まわりに反時計まわりの循環 $\Gamma>0$ があれば，揚力は下向きに生じる"ことを示しており，クッタ・ジューコフスキー（Kutta-Joukowski）の定理と呼ばれている．

8.6

揚力 F_L と発泡スチロールの重さ W は次式で与えられる．

$$F_L=\rho U\Gamma L \quad\text{(A)}$$

$$W=\pi a^2 L\rho_c g \quad\text{(B)}$$

浮遊するための条件は $L\geqq W$ である．したがって，最小の流速 U は，

$$U=\frac{\pi a^2 l\rho_c g}{\rho\Gamma l}=\frac{\pi a^2\rho_c g}{\rho\Gamma}$$

$$=\frac{3.14\times(0.040)^2\times15\times9.80}{1.2\times0.2}=3.1\text{m/s}$$

8.7

(1) $W=Ar^3e^{3\mathrm{i}\theta}=Ar^3(\cos3\theta+\mathrm{i}\sin3\theta)$

$\phi=Ar^3\cos3\theta$

$\psi=Ar^3\sin3\theta$

(2) $v_r=\dfrac{\partial\phi}{\partial r}=3Ar^2\cos3\theta$

$v_\theta=\dfrac{\partial\phi}{r\partial\theta}=-3Ar^2\sin3\theta$

(3) $\theta=0°$，$\theta=60°$ でいずれも $\psi=0$ で一定値

となり，$\theta=0°$，$60°$ を満たす直線は流線である．これが壁面を表すことになるので，W は $60°$ の角の間の流れ場を表す．

(4), (2) より $\theta=0°$ では，$v_r=3Ar^2$，$v_\theta=0$ 原点では $v_r=0$，$v_\theta=0$ となる．ベルヌーイの定理を適用して，

$$P_0=P(x)+\frac{1}{2}\rho(3Ar^2)^2$$

$$\therefore P(x)=P_0-\frac{9}{2}\rho A^2 r^4$$

8.8

(1) $u=\dfrac{\partial \psi}{\partial y}=\dfrac{k}{x^2+8a}$，$v=-\dfrac{\partial \psi}{\partial x}=\dfrac{2kxy}{(x^2+8a)^2}$

(2) 題意より $x=0$，$y=a$ を通る流線がベンチュリー管の形状を表すことになる．

$x=0$，$y=a$ を通る流線の値 ψ_0 は $\psi_0=\dfrac{k}{8a}$

$\psi=\psi_0$ を満たす流線が $x=4a$ のとき，$y=y_0$ を通るとすると

$\dfrac{ky_0}{16a^2+8a^2}=\dfrac{k}{8a}$ より $y_0=3a$

したがって入口の幅は $L=2y_0=6a$

(3) x 軸上でベルヌーイの定理を適用すると

$P_0+\dfrac{1}{2}\rho\left(\dfrac{k}{24a^2}\right)^2=P+\dfrac{1}{2}\rho\left(\dfrac{k}{8a^2}\right)^2$ より

$$P=P_0-\frac{\rho k^2}{144a^4}$$

8.9

(1) $W_1=\dfrac{q}{2\pi}\log z$

$\dfrac{dW_1}{dz}=u-iv=\dfrac{q}{2\pi}\dfrac{1}{z}=\dfrac{q}{2\pi(x+iy)}$

$=\dfrac{q(x-iy)}{2\pi(x^2+y^2)}$

$u=\dfrac{qx}{2\pi(x^2+y^2)}$ $v=\dfrac{qy}{2\pi(x^2+y^2)}$

(2) y 軸上 $(x=0)$ では，$u=0$，$v=\dfrac{q}{2\pi y}$

無限遠では $u=0$，$v=0$

y 軸は流線であるのでベルヌーイの定理より，

$\dfrac{\rho}{2}v^2+P_1(y)=P_0$

$\therefore P_1(y)=P_0-\dfrac{\rho q^2}{8\pi^2 y^2}$

(3) $W_2=\dfrac{q}{2\pi}[\log(z+a)+\log(z-a)]$

(4) $\dfrac{dW_2}{dz}=u-iv=\dfrac{q}{2\pi}\left(\dfrac{1}{z+a}-\dfrac{1}{z-a}\right)$

y 軸上 $(x=0)$ では，

$u-iv=\dfrac{q}{2\pi}\left[\dfrac{1}{a+iy}-\dfrac{1}{a-iy}\right]$

$=\dfrac{q}{2\pi}\left[\dfrac{a-iy}{a^2+y^2}-\dfrac{a+iy}{a^2+y^2}\right]$

$=\dfrac{q}{2\pi}\left(\dfrac{-2iy}{a^2+y^2}\right)$

$\therefore u=0$，$v=\dfrac{qy}{\pi(a^2+y^2)}$

無限遠の位置での速度は $u=0$，$v=0$，無限遠の点と y 軸上の任意の点 $(0, y)$ でベルヌーイの定理を適用すると，

$P_0=P_2(y)$

$+\dfrac{\rho}{2}\left\{\dfrac{qy}{\pi(a^2+y^2)}\right\}^2$

$\therefore P_2(y)$

$=P_0-\dfrac{\rho}{2}\left\{\dfrac{qy}{\pi(a^2+y^2)}\right\}^2$

8.10

(1) 鏡像の位置に右回りの渦を置いて重ね合わせる．

$W(z)=-\dfrac{i\Gamma}{2\pi}\log(z-iL)+\dfrac{i\Gamma}{2\pi}\log(z+iL)$

$=\dfrac{i\Gamma}{2\pi}\log\left(\dfrac{z+iL}{z-iL}\right)$

(2) $W(z)=\dfrac{i\Gamma}{2\pi}\log\left\{\dfrac{x^2+y^2-L^2+2iLx}{x^2+(y-L)^2}\right\}$

$=\phi+i\psi$

$\therefore \psi=\dfrac{\Gamma}{2\pi}\log\sqrt{\dfrac{(x^2+y^2-L^2)^2+4L^2x^2}{\{x^2+(y-L)^2\}^2}}$

$y=0$ で $\psi=0$ となるので，x 軸は流線である．

(3) $\dfrac{dW}{dz}=u-iv=\dfrac{i\Gamma}{2\pi}\left(\dfrac{1}{z+iL}-\dfrac{1}{z-iL}\right)$

$=\dfrac{i\Gamma}{2\pi}\dfrac{-2iL}{z^2+L^2}=\dfrac{L\Gamma}{\pi}\dfrac{1}{(x^2-y^2+L^2)+2ixy}$

$\dfrac{L\Gamma}{\pi}\cdot\dfrac{x^2-y^2+L^2-2ixy}{(x^2-y^2+L^2)^2+4x^2y^2}$

$u=\dfrac{L\Gamma}{\pi}\dfrac{x^2-y^2+L^2}{(x^2-y^2+L^2)^2+4x^2y^2}$，

$v=\dfrac{2L\Gamma}{\pi}\dfrac{xy}{(x^2-y^2+L^2)^2+4x^2y^2}$

(4) x 軸上で $y=0$，$v=0$ より，

$$u = \frac{L\Gamma}{\pi}\frac{1}{x^2+L^2}$$

$x \to \infty$ では，$u=0$ なのでベルヌーイの定理より

$$\frac{P(x)}{\rho} + \frac{u^2}{2} = \frac{P_0}{\rho}$$

$$\therefore P(x) = P_0 - \frac{\rho}{2}\left\{\frac{L\Gamma}{\pi(x^2+L^2)}\right\}^2$$

8.11

(1)

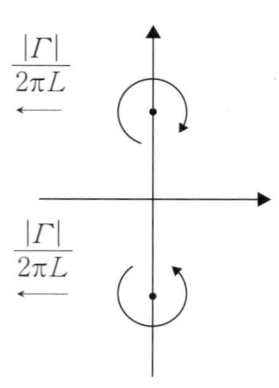

解図8.3

(2) 渦 A，B，C，D の移動速度を v_A，v_B，v_C，v_Dとする．

$$v_A = \frac{|\Gamma|}{2\pi L} - \frac{|\Gamma|}{2\pi(2L)} + \frac{|\Gamma|}{2\pi(3L)} = \frac{5|\Gamma|}{12\pi L}$$

$$v_B = \frac{|\Gamma|}{2\pi L} - \frac{|\Gamma|}{2\pi L} + \frac{|\Gamma|}{2\pi(2L)} = \frac{|\Gamma|}{4\pi L}$$

対称性から，

$$v_C = v_B$$

$$v_D = v_A$$

したがって渦の解図8.4のように動く．

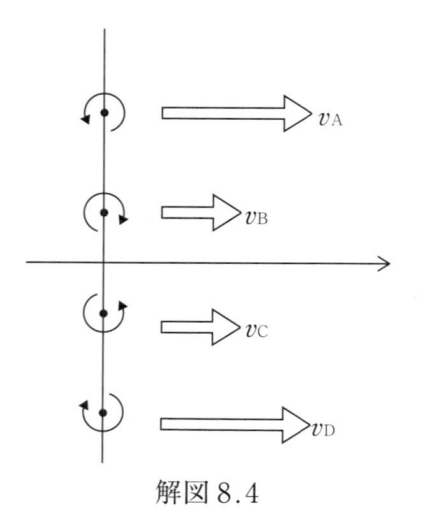

解図8.4

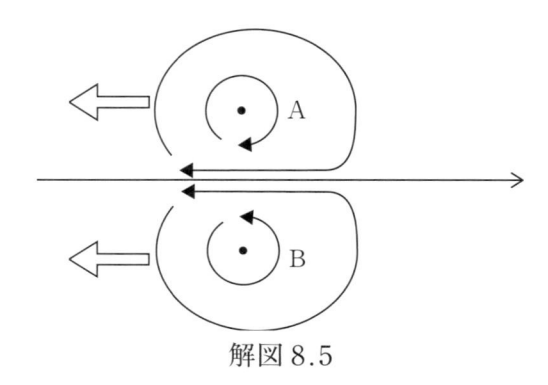

解図8.5

(3) 対象となる流れは解図8.5のように壁に対称な位置（鏡像の位置）に渦 B を置いた流れと同じになる．渦 A は渦 B の誘導速度を受けて左側に動く．

8.12

(1) 渦 A は渦 B の誘導速度の影響を受け，渦 B は渦 A の誘導速度の影響を受ける．したがって渦は解図8.6のように動く．

(2) 例えば，渦 A は渦 B，C，D からの誘導速度 $\overrightarrow{V_B}$，$\overrightarrow{V_C}$，$\overrightarrow{V_D}$の影響を図のように受ける（解図8.7）．これらの速度の合成で渦 A の移動速度が決まる．渦 B，C，D の移動についても同様（解図8.8）．

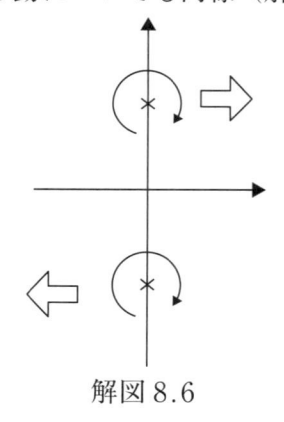

解図8.6

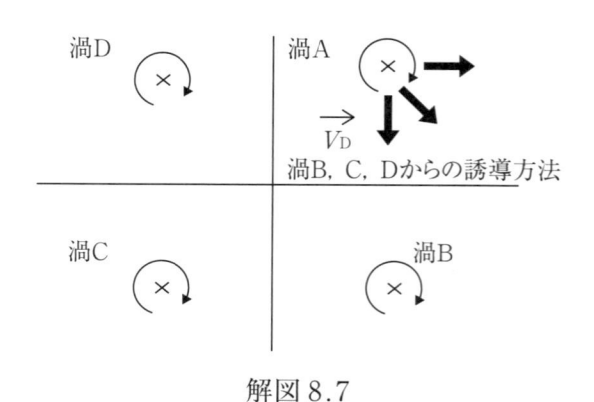

渦B，C，Dからの誘導方法

解図8.7

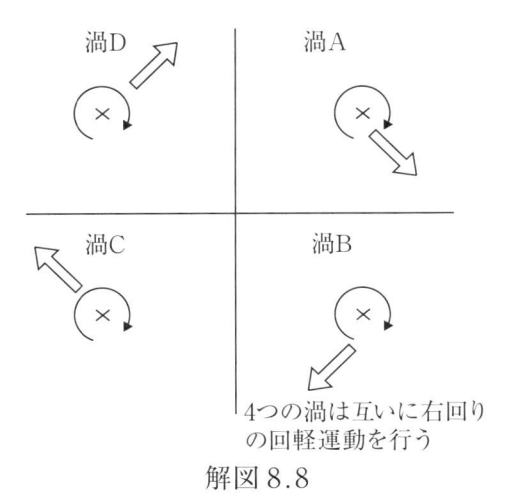

渦D　　　　　　渦A

渦C　　　　　　渦B

4つの渦は互いに右回り
の回軽運動を行う

解図8.8

9.1

(1) 体積流量は，解図9.1を参照して次式より求められる．

$$Q = \int_0^R u \times 2\pi r \,\mathrm{d}r$$

$$= -\frac{\pi R^4}{2\mu}\left(\frac{\mathrm{d}p}{\mathrm{d}z}\right)\int_0^1 Y(1-Y^2)\,\mathrm{d}Y$$

$$= -\frac{\pi R^4}{8\mu}\left(\frac{\mathrm{d}p}{\mathrm{d}z}\right) \quad \left[Y \equiv \frac{r}{R}\right]$$

(2) (1)の結果より，管内平均流速は，

$$u_m = \frac{Q}{\pi R^2} = \frac{\Delta p R^2}{8\mu L}$$

$$\frac{\Delta p}{\rho g} = \lambda \frac{L}{d}\frac{u_m^2}{2g} \quad \text{に，上式から求められる}$$

$$\frac{\Delta P}{L} = \frac{8\mu u_m}{R^2} \quad \text{を代入すると，}$$

$$\frac{8\mu u_m}{\rho R^2} = \lambda \frac{1}{d}\frac{u_m^2}{2}$$

$$\therefore \lambda = \frac{64\mu}{\rho u d} = \frac{64}{\mathrm{Re}}$$

$$(d = 2R)$$

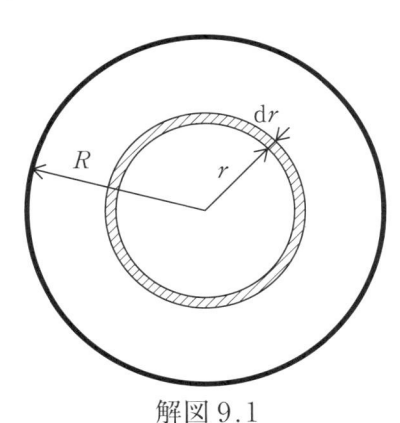

解図9.1

9.2

4.1の説明にあった以下の2次元連続の方程式(A)と定常ナビエ・ストークスの方程式(B)，

(C)を用いて解析を行う．ここで，x 方向式(B)の右辺に重力を加えている

$$\frac{\partial u}{\partial x} + \frac{\partial v}{\partial y} = 0 \tag{A}$$

$$u\frac{\partial u}{\partial x} + v\frac{\partial u}{\partial y}$$

$$= -\frac{1}{\rho}\frac{\partial p}{\partial x} + \nu\left(\frac{\partial^2 u}{\partial x^2} + \frac{\partial^2 u}{\partial y^2}\right) + g \tag{B}$$

$$u\frac{\partial v}{\partial x} + v\frac{\partial v}{\partial y}$$

$$= -\frac{1}{\rho}\frac{\partial p}{\partial y} + \nu\left(\frac{\partial^2 v}{\partial x^2} + \frac{\partial^2 v}{\partial y^2}\right) \tag{C}$$

$v=0$ ならびに，液膜は充分薄く，液膜内の圧力は大気圧で一定と仮定する．

(1) $v=0$ を式(A)に代入すると，

$$\frac{\partial u}{\partial x} = 0 \quad \therefore u \equiv u(y)$$

(2) (1)の結果ならびに $v=0$，圧力一定の条件を式(B)に代入すると，

$$0 = \nu\frac{\partial^2 u}{\partial y^2} + g$$

$u \equiv u(y)$ より，

$$\frac{\mathrm{d}^2 u}{\mathrm{d}y^2} = -\frac{g}{\nu} \tag{D}$$

境界条件は，壁面で速度0ならびに液膜表面で速度勾配がゼロとなることから，次式で与えられる．

$$y = 0: \quad u = 0,$$

$$y = \delta: \quad \frac{\mathrm{d}u}{\mathrm{d}y} = 0$$

式(D)を2回積分すると，

$$u = -\frac{g}{2\nu}y^2 + Cy + C'$$

積分定数 C, C' を上の境界条件より決定すると，

$$u = \frac{g}{2\nu}(2\delta y - y^2)$$

(3) 単位幅当たりの流量 Γ [m²/s] は次式のように求められる．

$$\Gamma = \int_0^\delta u\,\mathrm{d}y = \frac{g\delta^3}{2\nu}\int_0^1 (2Y - Y^2)\,\mathrm{d}Y$$

$$= \frac{g\delta^3}{3\nu} \quad \left(Y \equiv \frac{y}{\delta}\right)$$

上式より，

$$\delta = \left(\frac{3\nu\Gamma}{g}\right)^{1/3}$$

9.3

2.2 節の説明で示した円柱座標系に対する連続の方程式(A)と，運動方程式(B)，(C)，(D)は以下のとおりである．

$$\frac{\partial u_r}{\partial r} + \frac{u_r}{r} + \frac{1}{r}\frac{\partial u_\theta}{\partial \theta} + \frac{\partial u_z}{\partial z} = 0 \qquad (A)$$

(r, θ, z) 各方向の運動方程式

$$\frac{\partial u_r}{\partial t} + u_r\frac{\partial u_r}{\partial r} + \frac{u_\theta}{r}\frac{\partial u_r}{\partial \theta} + u_z\frac{\partial u_r}{\partial z} - \frac{u_\theta^2}{r}$$
$$= -\frac{1}{\rho}\frac{\partial p}{\partial r} + \nu\left(\frac{\partial^2 u_r}{\partial r^2} + \frac{1}{r}\frac{\partial u_r}{\partial r} + \frac{1}{r^2}\frac{\partial^2 u_r}{\partial \theta^2}\right.$$
$$\left. + \frac{\partial^2 u_r}{\partial z^2} - \frac{u_r}{r^2} - \frac{2}{r^2}\frac{\partial u_\theta}{\partial \theta}\right) \qquad (B)$$

$$\frac{\partial u_\theta}{\partial t} + u_r\frac{\partial u_\theta}{\partial r} + \frac{u_\theta}{r}\frac{\partial u_\theta}{\partial \theta} + u_z\frac{\partial u_\theta}{\partial z} + \frac{u_r u_\theta}{r}$$
$$= -\frac{1}{\rho}\frac{\partial p}{r\partial \theta} + \nu\left(\frac{\partial^2 u_\theta}{\partial r^2} + \frac{1}{r}\frac{\partial u_\theta}{\partial r} + \frac{1}{r^2}\frac{\partial^2 u_\theta}{\partial \theta^2}\right.$$
$$\left. + \frac{\partial^2 u_\theta}{\partial z^2} + \frac{2}{r^2}\frac{\partial u_r}{\partial \theta} - \frac{u_\theta}{r^2}\right) \qquad (C)$$

$$\frac{\partial u_z}{\partial t} + u_r\frac{\partial u_z}{\partial r} + \frac{u_\theta}{r}\frac{\partial u_z}{\partial \theta} + u_z\frac{\partial u_z}{\partial z}$$
$$= -\frac{1}{\rho}\frac{\partial p}{\partial z} + \nu\left(\frac{\partial^2 u_z}{\partial r^2} + \frac{1}{r}\frac{\partial u_z}{\partial r} + \frac{1}{r^2}\frac{\partial^2 u_z}{\partial \theta^2}\right.$$
$$\left. + \frac{\partial^2 u_z}{\partial z^2}\right) \qquad (D)$$

上式において，体積力なし，$u_r = u_z = 0$，ならびに z 方向には流れ場は変化しない $\left(\frac{\partial}{\partial z} = 0\right)$ と仮定する．

(1) 連続の方程式(A)に上記 $u_r = u_z = 0$ を代入すると，

$$\frac{\partial u_\theta}{\partial \theta} = 0$$

流れ場は z 方向に変化しないことから，

$$u_\theta \equiv u_\theta(r)$$

r 方向の運動方程式(C)に，流れは定常 $\left(\frac{\partial}{\partial t} = 0\right)$，$u_r = u_z = 0$，$\left(\frac{\partial}{\partial z} = 0\right)$，ならびに $u_\theta \equiv u_\theta(r)$ の関係を代入すると，式(C)より $\frac{\partial p}{\partial \theta} = 0$

$$\frac{u_\theta^2}{r} = \frac{1}{\rho}\frac{\partial p}{\partial r} \equiv \frac{1}{\rho}\frac{\mathrm{d}p}{\mathrm{d}r} \qquad (\because p \equiv p(r))$$

これは，流体の単位質量当たりに作用する遠心力(左辺)が，半径方向の圧力勾配(右辺)と釣り合っていることを意味している．

(2)，(1)で用いた条件，ならびに流れが軸対称であることから，$\left(\frac{\partial}{\partial \theta} = 0\right)$の関係を考

慮すると，周方向運動方程式(C)は以下のように変形される．

$$0 = \nu\left(\frac{\partial^2 u_\theta}{\partial r^2} + \frac{1}{r}\frac{\partial u_\theta}{\partial r} - \frac{u_\theta}{r^2}\right)$$

$u_\theta \equiv u_\theta(r)$ より，次の常微分方程式が得られる．

$$\frac{\mathrm{d}^2 u_\theta}{\mathrm{d}r^2} + \frac{1}{r}\frac{\mathrm{d}u_\theta}{\mathrm{d}r} - \frac{u_\theta}{r^2} = 0$$

$u_\theta = r^n$ を上式に代入すると，次の関係が得られる．

$$r^{n-2}\{n(n-1) + n - 1\} = 0 \qquad \therefore n^2 - 1 = 0$$

上式を満足する n として，$n = \pm 1$ が得られる．したがって，u_θ は，

$$u_\theta = Cr + C'r^{-1}$$

境界条件は，

$$r = a: \qquad u_\theta = a\omega$$
$$r = a + d: \qquad u_\theta = 0$$

境界条件を満足する C，C' を決定すると，

$$u_\theta = \frac{a^2\omega}{2ad + d^2}\left\{\frac{(a+d)^2}{r} - r\right\}$$

9.4

2 次元非圧縮の連続の方程式，ならびにナビエ・ストークスの方程式(体積力なし)を以下に示す．

$$\frac{\partial u}{\partial x} + \frac{\partial v}{\partial y} = 0 \qquad (A)$$

$$\frac{\partial u}{\partial t} + u\frac{\partial u}{\partial x} + v\frac{\partial u}{\partial y}$$
$$= -\frac{1}{\rho}\frac{\partial p}{\partial x} + \nu\left(\frac{\partial^2 u}{\partial x^2} + \frac{\partial^2 u}{\partial y^2}\right) \qquad (B)$$

$$\frac{\partial v}{\partial t} + u\frac{\partial v}{\partial x} + v\frac{\partial v}{\partial y}$$
$$= -\frac{1}{\rho}\frac{\partial p}{\partial y} + \nu\left(\frac{\partial^2 v}{\partial x^2} + \frac{\partial^2 v}{\partial y^2}\right) \qquad (C)$$

y 方向速度 $v = 0$，ならびに流れ場中で圧力一定を仮定する．式(A)より，

$$\frac{\partial u}{\partial x} = 0 \qquad \therefore u \equiv u(y, t)$$

$v = 0$，圧力一定，ならびに上の関係を式(B)に代入すると，次の方程式が得られる．

$$\frac{\partial u}{\partial t} = \nu\frac{\partial^2 u}{\partial y^2}$$

ここで，相似変数 $\eta = \frac{y}{2\sqrt{\nu t}}$ を導入する．$u \equiv u(\eta)$ を仮定すると，上式中の各項を以下のように書き直すことができる．

$$\frac{\partial u}{\partial t}=\frac{\mathrm{d}u}{\mathrm{d}\eta}\frac{\partial \eta}{\partial t}=\frac{\mathrm{d}u}{\mathrm{d}\eta}\times\left(-\frac{y}{4\sqrt{\nu t^3}}\right)$$

$$\nu\frac{\partial^2 u}{\partial y^2}=\nu\frac{\partial}{\partial y}\left(\frac{\mathrm{d}u}{\mathrm{d}\eta}\frac{\partial \eta}{\partial y}\right)=\nu\frac{\mathrm{d}^2 u}{\mathrm{d}\eta^2}\left(\frac{\partial \eta}{\partial y}\right)^2$$

$$=\frac{1}{4t}\frac{\mathrm{d}^2 u}{\mathrm{d}\eta^2}$$

上の2つの式を等値して整理を行うと，相似変数 η に関する次の常微分方程式が得られる．

$$\frac{\mathrm{d}^2 u}{\mathrm{d}\eta^2}+2\eta\frac{\mathrm{d}u}{\mathrm{d}\eta}=0$$

ここで，$\dfrac{\mathrm{d}u}{\mathrm{d}\eta}\equiv Y$ とおくと，

$$\frac{\mathrm{d}Y}{\mathrm{d}\eta}+2\eta Y=0$$

変数分離して，

$$\frac{\mathrm{d}Y}{Y}=-2\eta d\eta \quad \therefore\ Y=C\exp(-\eta^2)$$

この結果から，u の解として次式を求めることができる．

$$u=\int_0^\eta C\exp(-\eta^2)\mathrm{d}\eta+C'$$

初期条件 $t=0:u=0$，ならびに $y=0:u=U$ を η に関する条件に置き換えると，

$$\eta\to\infty:u\to 0,$$
$$\eta=0:u=U$$

上記の境界条件を満たすよう，積分定数 C，C' を求める．

$$C'=U$$

問題で与えられた

$$\int_0^\infty \exp(-\eta^2)\mathrm{d}\eta=\frac{\sqrt{\pi}}{2}$$

を用いると，$C=-\dfrac{2}{\sqrt{\pi}}U$

結果として $u=\dfrac{2}{\sqrt{\pi}}U\displaystyle\int_\eta^\infty \exp(-\eta^2)\mathrm{d}\eta$

9.5

ナビエ・ストークスの方程式に解を代入すると，左辺と右辺はそれぞれ

$$\frac{\partial u}{\partial t}=-\omega U_0\mathrm{e}^{-ky}\sin(\omega t-ky)$$

$$\frac{\partial u}{\partial y}=-kU_0\mathrm{e}^{-ky}\cos(\omega t-ky)$$
$$+kU_0\mathrm{e}^{-ky}\sin(\omega t-ky)$$

$$\frac{\partial^2 u}{\partial y^2}=k^2U_0\mathrm{e}^{-ky}\cos(\omega t-ky)$$
$$-k^2U_0\mathrm{e}^{-ky}\sin(\omega t-ky)$$
$$-k^2U_0\mathrm{e}^{-ky}\sin(\omega t-ky)$$

$$-k^2U_0\mathrm{e}^{-ky}\cos(\omega t-ky)$$
$$=-2k^2U_0\mathrm{e}^{-ky}\sin(\omega t-ky)$$

したがって，$-\omega U_0\mathrm{e}^{-ky}\sin(\omega t-ky)$
$$=-2\nu k^2U_0\mathrm{e}^{-ky}\sin(\omega t-ky)$$

$$k^2=\frac{\omega}{2\nu},\quad k=\sqrt{\frac{\omega}{2\nu}}$$

9.6

平行2平板間流路の幅を W で表すと，流路の横断面は長方形となるから，水力直径は，

$$D_h=\frac{4W\times(2b)}{2(W+2b)}$$

ここで $W\to\infty$ とすれば，平行2平板間流路の水力直径が求まる．

$$D_h=\lim_{W\to\infty}\frac{8Wb}{2W+4b}=\lim_{W\to\infty}\frac{8b}{2+4b/W}=4b$$

例題9.1より

$$-\frac{\mathrm{d}p}{\mathrm{d}x}=\frac{3\mu Q}{2b^3}$$

ここで，$-\dfrac{\mathrm{d}p}{\mathrm{d}x}=\dfrac{\Delta p}{L}$ である．よって

$$\Delta p=\frac{3\mu L Q}{2b^3}$$

Q は単位幅あたりの流量であるから，単位幅あたりの断面平均流速 v_m は

$$v_m=\frac{Q}{2b\times 1}=\frac{Q}{2b}$$

これより

$$\Delta p=\lambda\frac{L}{D_h}\frac{1}{2}\rho v_m^2$$

に代入すると

$$\lambda=\frac{48\mu L v_m}{D_h^2}\times\frac{2D_h}{L\rho v_m^2}=\frac{96\mu}{v_m D_h\rho}$$

$$=\frac{96}{v_m D_h/\nu}=\frac{96}{\mathrm{Re}_h}$$

9.7

与式を変形すると，

$$\frac{\mathrm{d}}{\mathrm{d}r}\left(\mu r\frac{\mathrm{d}u}{\mathrm{d}r}\right)=\frac{\mathrm{d}p}{\mathrm{d}z}r$$

となるが，問題5.3や9.1と同様に圧力こう配は一定である．

$$\frac{\mathrm{d}p}{\mathrm{d}z}=\mathrm{const.}$$

微分方程式を解くと，

$$\mu r\frac{\mathrm{d}u}{\mathrm{d}r}=\frac{r^2}{2}\frac{\mathrm{d}p}{\mathrm{d}z}+C_1$$

$$\frac{\mathrm{d}u}{\mathrm{d}r}=\frac{r}{2\mu}\frac{\mathrm{d}p}{\mathrm{d}z}+\frac{C_1}{\mu}\frac{1}{r}$$

$$u=\frac{1}{2\mu}\cdot\frac{r^2}{2}\frac{\mathrm{d}p}{\mathrm{d}z}+\frac{C_1}{\mu}\ln r+C_2$$

が得られる．境界条件は
$$u=0 \text{ at } r=R_1$$
$$u=0 \text{ at } r=R_2$$

であり，積分定数C_1，C_2は下記のように決定される．

$$\frac{R_1^2}{4\mu}\frac{\mathrm{d}p}{\mathrm{d}z}+\frac{C_1}{\mu}\ln R_1+C_2=0$$

$$\frac{R_2^2}{4\mu}\frac{\mathrm{d}p}{\mathrm{d}z}+\frac{C_1}{\mu}\ln R_2+C_2=0$$

$$\frac{1}{4\mu}\frac{\mathrm{d}p}{\mathrm{d}z}(R_2^2-R_1^2)+\frac{\ln R_2-\ln R_1}{\mu}C_1=0$$

$$\frac{1}{4\mu}\frac{\mathrm{d}p}{\mathrm{d}z}(R_2^2-R_1^2)+\frac{\ln\left(\frac{R_2}{R_1}\right)}{\mu}C_1=0$$

$$C_1=\frac{R_2^2-R_1^2}{4\mu}\left(-\frac{\mathrm{d}p}{\mathrm{d}z}\right)\frac{\mu}{\ln\left(\frac{R_2}{R_1}\right)}$$

$$=\frac{R_2^2-R_1^2}{4\ln\left(\frac{R_2}{R_1}\right)}\left(-\frac{\mathrm{d}p}{\mathrm{d}z}\right)$$

$$C_2=\frac{R_2^2}{4\mu}\left(-\frac{\mathrm{d}p}{\mathrm{d}z}\right)-\frac{\ln R_2}{4\mu}\cdot\frac{R_2^2-R_1^2}{\ln\left(\frac{R_2}{R_1}\right)}\left(-\frac{\mathrm{d}p}{\mathrm{d}z}\right)$$

$$=\frac{1}{4\mu}\left(-\frac{\mathrm{d}p}{\mathrm{d}z}\right)\left[R_2^2-(R_2^2-R_1^2)\frac{\ln R_2}{\ln\left(\frac{R_2}{R_1}\right)}\right]$$

したがって$$u=\frac{-r^2}{4\mu}\left(-\frac{\mathrm{d}p}{\mathrm{d}z}\right)+\frac{\ln r}{4\mu}\frac{(R_2^2-R_1^2)}{\ln\left(\frac{R_2}{R_1}\right)}\left(-\frac{\mathrm{d}p}{\mathrm{d}z}\right)$$

$$+\frac{R_2^2}{4\mu}\left(-\frac{\mathrm{d}p}{\mathrm{d}z}\right)$$

$$-\frac{\ln R_2}{4\mu}\frac{(R_2^2-R_1^2)}{\ln\left(\frac{R_2}{R_1}\right)}\left(-\frac{\mathrm{d}p}{\mathrm{d}z}\right)$$

$$u=\frac{(R_2^2-r^2)}{4\mu}\left(-\frac{\mathrm{d}p}{\mathrm{d}z}\right)$$

$$+\frac{1}{4\mu}(\ln r-\ln R_2)\frac{(R_2^2-R_1^2)}{\ln\left(\frac{R_2}{R_1}\right)}\left(-\frac{\mathrm{d}p}{\mathrm{d}z}\right)$$

$$=\frac{R_2^2-r^2}{4\mu}\left(-\frac{\mathrm{d}p}{\mathrm{d}z}\right)+\frac{1}{4\mu}\left(-\frac{\mathrm{d}p}{\mathrm{d}z}\right)\frac{\ln\left(\frac{r}{R_2}\right)}{\ln\left(\frac{R_2}{R_1}\right)}$$

$$+(R_2^2-R_1^2)$$

$$=\frac{R_2^2-R_1^2}{4\mu}\left(-\frac{\mathrm{d}p}{\mathrm{d}z}\right)\left[\frac{R_2^2-r^2}{R_2^2-R_1^2}+\frac{\ln\left(\frac{r}{R_2}\right)}{\ln\left(\frac{R_2}{R_1}\right)}\right]$$

9.8

水は非圧縮性流体とみなせるからz方向の運動方程式は次式で与えられる．

$$\rho\left(\frac{\partial v_z}{\partial t}+v_r\frac{\partial v_z}{\partial r}+\frac{v_\theta}{r}\frac{\partial v_z}{\partial\theta}+v_z\frac{\partial v_z}{\partial z}\right)=-\frac{\partial p}{\partial z}$$

$$+\mu\left[\frac{1}{r}\frac{\partial}{\partial r}\left(r\frac{\partial v_z}{\partial r}\right)+\frac{1}{r^2}\frac{\partial^2 v_z}{\partial\theta^2}+\frac{\partial^2 v_z}{\partial z^2}\right]+\rho g$$

ここで，定常流を扱っているから，$\frac{\partial v_z}{\partial t}=0$であり，水は$z$方向にのみ流れるから，$v_r=v_\theta=0$，$\frac{\partial v_z}{\partial\theta}=0$，となる．速度分布は$z$方向に変化しないから，$\frac{\partial v_z}{\partial z}=0$（円筒座標系の連続の式に$v_r=v_\theta=0$を代入すると求まる）となる．液膜は大気に接触しているから，内部の圧力pはp_0に等しいので，$\frac{\partial p}{\partial z}=0$である．これらの関係を用いると，次式が得られる．

$$\mu\left[\frac{1}{r}\frac{\partial}{\partial r}\left(r\frac{\partial v_z}{\partial r}\right)\right]+\rho g=0$$

境界条件は，$r=R$で$v_z=0$
$$r=\alpha R\text{で}\frac{\partial v_z}{\partial r}=0\text{（問題9.2参照）}$$

である．運動方程式を積分すると，

$$\frac{\partial}{\partial r}\left(r\frac{\partial v_z}{\partial r}\right)=-\frac{\rho g}{\mu}r$$

$$r\frac{\partial v_z}{\partial r}=-\frac{\rho g r^2}{\mu 2}+C_1$$

$$\frac{\partial v_z}{\partial r}=-\frac{\rho g}{\mu}\frac{r}{2}+\frac{C_1}{r}$$

$$v_z=-\frac{\rho g}{4\mu}r^2+C_1\ln r+C_2$$

2番目の境界条件により
$$C_1=\frac{\rho g}{2\mu}(\alpha R)^2$$

1番目の境界条件により
$$C_2=\frac{\rho g}{4\mu}R^2-\frac{\rho g}{2\mu}(\alpha R)^2\ln R$$

よって

$$v_z=-\frac{\rho g}{4\mu}r^2+\frac{\rho g}{2\mu}(\alpha R)^2\ln r+\frac{\rho g}{4\mu}R^2$$

$$-\frac{\rho g}{2\mu}(\alpha R)^2\ln R$$

$$=\frac{\rho g R^2}{4\mu}\left[1-\left(\frac{r}{R}\right)^2+\frac{4\mu}{\rho g R^2}\frac{\rho g\alpha^2 R^2}{2\mu}\right.$$

$$\left.(\ln r-\ln R)\right]$$

$$=\frac{\rho g R^2}{4\mu}\left[1-\left(\frac{r}{R}\right)^2+2\alpha^2\ln\frac{r}{R}\right]$$

9.9

問題9.3の解より

$$u_\theta = Cr + C'\frac{1}{r}$$

上式において境界条件を用いると,

$$\kappa R\Omega_i = C\kappa R + C'\frac{1}{\kappa R}$$

$$R\Omega_o = CR + C'\frac{1}{R}$$

上式より

$$CR(1-\kappa^2) = R(\Omega_o - \kappa^2\Omega_i)$$

$$C = \frac{\Omega_o - \kappa^2\Omega_i}{1-\kappa^2}$$

$$C' = R^2\left(\Omega_o - \frac{\Omega_o - \kappa^2\Omega_i}{1-\kappa^2}\right)$$

$$= \frac{-\kappa^2 R^2}{1-\kappa^2}(\Omega_o - \Omega_i)$$

$$u_\theta = \frac{1}{(1-\kappa^2)}\Big[r(\Omega_o - \Omega_i\kappa^2)$$

$$- \frac{\kappa^2 R^2}{r}(\Omega_o - \Omega_i)\Big]$$

10.1

抵抗係数C_Dは次式で定義される.

$$F_D = C_D\frac{1}{2}\rho U_\infty^2 A$$

$$A = \frac{\pi D^2}{4}$$

ここで,Aは投影面積である.上式にストークスの求めたF_Dを代入すると,

$$C_D\frac{\pi}{4}D^2\frac{1}{2}\rho U_\infty^2 = 6\pi\mu\left(\frac{D}{2}\right)U_\infty$$

$$C_D = \frac{6\pi\mu D U_\infty \times 8}{2\times\pi D^2\rho U_\infty^2} = \frac{24\mu}{\rho U_\infty D}$$

$$= \frac{24}{\mathrm{Re}}$$

10.2

$$C_D = \frac{F_D}{\frac{1}{2}\rho U_\infty^2 A}$$

ここで$A = 2a\times 1 = 2a$

上式のF_Dにオゼーン近似に基づく流動抵抗を代入すると

$$C_D = \frac{8\pi\mu U_\infty}{2S+1}\times\frac{1}{2a\times\frac{1}{2}\rho U_\infty^2}$$

$$= \frac{16\pi}{2S+1}\frac{\mu}{2a\rho U_\infty}$$

$$= \frac{16\pi}{2S+1}\frac{1}{2aU_\infty/\nu} = \frac{16\pi}{(2S+1)\mathrm{Re}}$$

が得られる.

10.3

$$\alpha = \frac{\rho_p - \rho_L}{\rho_p + \rho_2/2}g, \quad \beta = \frac{1}{\tau}$$

とおいて,運動方程式は

$$\frac{\mathrm{d}u}{\mathrm{d}t} = \alpha - \beta u$$

となる.

$$\frac{\mathrm{d}u}{\alpha - \beta u} = \mathrm{d}t$$

$$-\frac{1}{\beta}\ln(\alpha - \beta u) = t + c$$

$$t=0\text{で}u=u_0$$

$$C = -\frac{1}{\beta}\ln(\alpha - \beta u_0)$$

$$\frac{1}{\beta}\ln(\alpha - \beta u_0) - \frac{1}{\beta}\ln(\alpha - \beta u) = t$$

$$\ln\frac{\alpha - \beta u}{\alpha - \beta u_0} = -\beta t$$

$$\frac{\alpha - \beta u}{\alpha - \beta u_0} = \mathrm{e}^{-\beta t}$$

$$\alpha - \beta u = \mathrm{e}^{-\beta t}(\alpha - \beta u_0)$$

$$u = \frac{\alpha}{\beta} - \mathrm{e}^{-\beta t}\left(u_0 - \frac{\alpha}{\beta}\right)$$

ここで

$$\frac{\alpha}{\beta} = \mathrm{d}p^2\frac{\left(\rho_p + \frac{\rho_L}{2}\right)}{18\mu}\times\frac{\rho_p - \rho_L}{\rho_p + \frac{\rho_L}{2}}g$$

$$= \frac{(\rho_p - \rho_L)\mathrm{d}p^2 g}{18\mu}$$

$$= U_\infty$$

よって

$$u = U_\infty + \mathrm{e}^{-\beta t}(u_0 - U_\infty)$$

となる.

11.1

定常流れの境界層方程式と連続の方程式は,4.3説明式(E),(F)より

$$u\frac{\partial u}{\partial x} + v\frac{\partial u}{\partial y} = \nu\frac{\partial^2 u}{\partial y^2} \tag{A}$$

$$\frac{\partial u}{\partial x} + \frac{\partial v}{\partial y} = 0 \tag{B}$$

である.

(1) 式(A)の左辺第2項を,部分積分法を用いて境界層内でy方向に積分し,連続の

式(B)を考慮すると，

$$\int_0^\infty v\frac{\partial u}{\partial y}\mathrm{d}y = uv\big|_0^\infty - \int_0^\infty u\frac{\partial v}{\partial y}\mathrm{d}y = uv\big|_0^\infty$$

$$+ \int_0^\infty u\frac{\partial u}{\partial x}\mathrm{d}y \qquad (C)$$

となる．境界層外縁 $(y\to\infty)$ では，速度 u は一様流 U に接続し，平板上 $(y=0)$ では速度はすべりなし $(u=v=0)$ であることから，式(C)の右辺第1項は $Uv\big|_{y\to\infty}$ となる．

以上より，設問中の式(A)が得られる．

(2) 4.3節の説明中の式(E)の右辺の積分は，次式のように計算できる．

$$\int_0^\infty \nu\frac{\partial^2 u}{\partial y^2}\mathrm{d}y = \frac{1}{\rho}\left[\mu\frac{\partial u}{\partial y}\right]_0^\infty$$

ここで，$y\to\infty$ において，流れは一様流に漸近するので，

$$\int_0^\infty \nu\frac{\partial^2 u}{\partial y^2}\mathrm{d}y = \frac{1}{\rho}\left[\mu\frac{\partial u}{\partial y}\right]_0^\infty = -\frac{1}{\rho}\mu\left.\frac{\partial u}{\partial y}\right|_{y=0}$$

$$= -\frac{\tau}{\rho}$$

となり，題意を示すことができる．上式ならびに問題で与えられた関係

$$\int_0^\infty v\frac{\partial u}{\partial y}\mathrm{d}y = \int_0^\infty (u-U)\frac{\partial u}{\partial x}\mathrm{d}y$$

を用い，また，$\displaystyle\int_0^\infty u\frac{\partial u}{\partial x}\mathrm{d}y = \int_0^\infty \frac{1}{2}\frac{\partial u^2}{\partial x}\mathrm{d}y$ の関係に注意すると，問題式(B)が得られる．

(3) 式(B)において，

$$\int_0^\infty \frac{\partial u^2}{\partial x}\mathrm{d}y = \frac{d}{dx}\int_0^\infty u^2\mathrm{d}y, \quad \int_0^\infty \frac{\partial u}{\partial x}\mathrm{d}y$$

$$= \frac{d}{dx}\int_0^\infty u\mathrm{d}y \text{ の関係を用いると，次式が}$$
得られる．

$$\frac{d}{dx}\int_0^\infty u^2\mathrm{d}y - U\frac{d}{dx}\int_0^\infty u\mathrm{d}y = -\frac{\tau}{\rho}$$

上式の左辺を以下のように変形する．

$$\frac{d}{dx}\int_0^\infty u^2\mathrm{d}y - U\frac{d}{dx}\int_0^\infty u\mathrm{d}y$$

$$= \frac{d}{dx}\int_0^\infty (u^2-Uu)\mathrm{d}y = -U^2\frac{d}{dx}\int_0^\infty \frac{u}{U}$$

$$\left(1-\frac{u}{U}\right)\mathrm{d}y = -U^2\frac{d\delta_M}{dx}$$

両辺を U^2 で除して整理すると，題意の運動量積分方程式が得られる．

$$\frac{\mathrm{d}\delta_M}{\mathrm{d}x} = \frac{c_f}{2}$$

上式の両辺に ρU^2 を乗じると，

$$\rho U^2\frac{d\delta_M}{dx} = \tau$$

上式の左辺は，境界層の発達による運動量の流れ方向の減少率を表し，それが右辺の壁面せん断力によって生じることを意味している．

11.2

排除厚さ δ_D および運動量厚さ δ_M は，4.3節説明より次式で定義される．

$$\delta_D = \int_0^\infty \left(1-\frac{u}{U}\right)\mathrm{d}y$$

$$\delta_M = \int_0^\infty \frac{u}{U}\left(1-\frac{u}{U}\right)\mathrm{d}y$$

問題で与えられた速度分布を上式に代入し，それぞれ計算を行うと次のように求められる．

$$\delta_D = \int_0^\infty \exp\left(-\frac{y}{b}\right)\mathrm{d}y = \left[-b\exp\left(-\frac{y}{b}\right)\right]_0^\infty = b$$

$$\delta_M = \int_0^\infty \left\{1-\exp\left(-\frac{y}{b}\right)\right\}\times\exp\left(-\frac{y}{b}\right)\mathrm{d}y$$

$$= \int_0^\infty \left\{\exp\left(-\frac{y}{b}\right)-\exp\left(-\frac{2y}{b}\right)\right\}\mathrm{d}y$$

$$= \left[-b\exp\left(-\frac{y}{b}\right)+\frac{b}{2}\exp\left(-\frac{2y}{b}\right)\right]_0^\infty$$

$$= \frac{b}{2}$$

11.3

一様流中の平板境界層では，問題11.1で与えられた，次の関係が成り立つ．

$$\frac{\mathrm{d}\delta_M}{\mathrm{d}x} = \frac{c_f}{2}$$

$$\therefore \frac{\mathrm{d}}{\mathrm{d}x}\int_0^\delta \frac{u}{U}\left(1-\frac{u}{U}\right)\mathrm{d}y = \frac{\tau}{\rho U^2} \qquad (A)$$

仮定された速度分布より，

$$\delta_M = \int_0^\delta \frac{u}{U}\left(1-\frac{u}{U}\right)\mathrm{d}y$$

$$= \int_0^\delta \sin\left(\frac{\pi y}{2\delta}\right)\left\{1-\sin\left(\frac{\pi y}{2\delta}\right)\right\}\mathrm{d}y$$

$$= \delta\int_0^1 \sin\left(\frac{\pi}{2}Y\right)\left\{1-\sin\left(\frac{\pi}{2}Y\right)\right\}\mathrm{d}Y$$

$$= \left[-\frac{2}{\pi}\cos\left(\frac{\pi}{2}Y\right)-\frac{1}{2}Y+\frac{1}{\pi}\sin(\pi Y)\right]_0^1$$

$$= \left(\frac{2}{\pi}-\frac{1}{2}\right)\delta \quad (Y\equiv y/\delta)$$

また，壁面せん断力 τ は，

$$\frac{\tau}{\rho U^2} = \frac{\mu}{\rho U^2}\left(\frac{\partial u}{\partial y}\right)_{y=0} = \frac{\mu}{\rho U^2}\times\frac{\pi U}{2\delta} = \frac{\pi\nu}{2U\delta}$$

以上の関係を式(A)に代入すると，境界層厚さ δ について次の微分方程式を得ることができる．

$$\left(\frac{2}{\pi}-\frac{1}{2}\right)\frac{\mathrm{d}\delta}{\mathrm{d}x}=\frac{\pi\nu}{2U\delta}$$

変数分離を行うと，

$$\left(\frac{2}{\pi}-\frac{1}{2}\right)\delta\mathrm{d}\delta=\frac{\pi\nu}{2U}\mathrm{d}x$$

両辺を積分すると，

$$\left(\frac{1}{\pi}-\frac{1}{4}\right)\delta^2=\frac{\pi\nu}{2U}x+C$$

$x=0$ で $\delta=0$ とすれば，上式中の積分定数 $C=0$．境界層厚さは次のように求められる．

$$\delta=4.79\sqrt{\frac{\nu x}{U}}$$

11.4

2次元の連続方程式と，4.3節説明中式(E)を変形すると，平板上境界層方程式は以下のようになる $\left(\text{流れは定常 }U=\text{一定より，}\right.$

$\left.\frac{\mathrm{d}U}{\mathrm{d}x}=0\right)$．

$$\frac{\partial u}{\partial x}+\frac{\partial v}{\partial y}=0 \tag{A}$$

$$u\frac{\partial u}{\partial x}+v\frac{\partial u}{\partial y}=\nu\frac{\partial^2 u}{\partial y^2} \tag{B}$$

(1) 流れが発達した領域を考えると，$\dfrac{\partial u}{\partial x}=0$ となる．連続の方程式(A)にこの関係を用いると，$\dfrac{\partial v}{\partial y}=0$ となる．この結果，$v=v_0$（一定）が得られる．

(2) $\dfrac{\partial u}{\partial x}=0$ より $u\equiv u(y)$，ならびに $v=v_0$（一定）の関係を式(B)に用いると，次の微分方程式が得られる．

$$\frac{\mathrm{d}^2 u}{\mathrm{d}y^2}-\frac{v_0}{\nu}\frac{\mathrm{d}u}{\mathrm{d}y}=0 \tag{C}$$

境界条件は，

$y=0 : u=0$

$y\to\infty : u\to U$

(3) (2)で求めた微分方程式(C)に，$\exp(\lambda y)$ を代入する．λ に対する特性方程式は，

$$\lambda^2-\frac{v_0}{\nu}\lambda=\lambda\left(\lambda-\frac{v_0}{\nu}\right)=0$$

上式の解は，

$$\lambda=0,\ \frac{v_0}{\nu}$$

したがって微分方程式の解は以下のようになる．

$$u=C+C'\exp\left(\frac{v_0 y}{\nu}\right)$$

(2)で求めた2つの境界条件より C，C' を決定すれば，（$v_0<0$ であることに注意せよ）

$$u=U\left\{1-\exp\left(\frac{v_0 y}{\nu}\right)\right\}$$

11.5

流れの関数の定義から

$$u=\frac{\partial\Psi}{\partial y}=\sqrt{\nu Ux}\,\frac{\partial f(\eta)}{\partial y}=\sqrt{\nu Ux}\,\frac{\partial f(\eta)}{\partial\eta}\frac{\partial\eta}{\partial y}$$

$$=Uf'(\eta) \tag{C}$$

$$v=-\frac{\partial\Psi}{\partial x}=-\frac{1}{2}\sqrt{\frac{\nu U}{x}}f(\eta)-\sqrt{\nu Ux}\,\frac{\partial f(\eta)}{\partial\eta}\frac{\partial\eta}{\partial x}$$

$$=-\frac{1}{2}\sqrt{\frac{\nu U}{x}}(f-\eta f') \tag{D}$$

を得る．式(B)を x と y で微分して $\left(\dfrac{\partial u}{\partial x}\right)$，$\left(\dfrac{\partial u}{\partial y}\right)$，$\left(\dfrac{\partial^2 u}{\partial y^2}\right)$ を求め，それらを式(A)に代入すると，常微分方程式

$$f'''+\frac{1}{2}ff''=0 \tag{E}$$

が得られる．ただし，境界条件は式(C)と式(D)から，$\eta=0$ で $f'(0)=f(0)=0$，および，$\eta\to\infty$ で $f(\infty)=1$ である．式(E)は極めて簡単な形をしているが，非線形であるため初等的には解けない．ブラジウスは，η の小さい値に対しては相似解 f をべき級数展開し，η の大きい値に対しては摂動展開によって求め，それらを接続することで解を得た（詳細は省略する）．その結果，このブラジウス解 $f'(\eta)=\dfrac{u}{U}$ による速度分布は解図11.1に示すように描かれる．

平板に働くせん断応力は

$$\tau(x)=\mu\left(\frac{\partial u}{\partial y}\right)_{y=0}=\rho\nu U\sqrt{\frac{U}{\nu x}}f''(0)$$

$$=0.332\rho U\sqrt{\frac{\nu U}{x}} \tag{F}$$

となる．ただし，$f''(0)$ の値として，べき級数展開の結果（解図11.1）から求まる $f''(0)=0.332$ を用いた．局所摩擦係数 C_f を $C_f=\dfrac{\tau}{[(1/2)\rho U^2]}$ と定義すれば，

$$C_f=\frac{0.664}{\sqrt{\mathrm{Re}_x}} \tag{G}$$

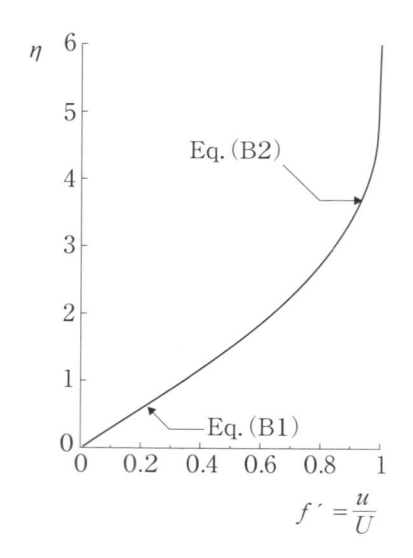

解図 11.1　平板境界層の速度分布

である．ただし，$\mathrm{Re}_x = \dfrac{Ux}{\nu}$ として定義している．

Eq.(B1): $f(\eta) = \displaystyle\sum_{n=0}^{\infty} \left(-\frac{1}{2}\right)^n \frac{\alpha^{n+1} Cn}{(3n+2)!} \eta^{3n+2}$

Eq.(B2): $f(\eta) = \eta - \beta + \gamma \displaystyle\int_\eta^\infty \mathrm{d}\eta \int_\eta^\infty \mathrm{e}^{-\frac{1}{4}(\eta-\beta)^2} \mathrm{d}\eta$

11.6

問題の $u = x^{-\frac{\alpha}{2}} f(\eta)$ を問題の式(A)に代入すると，v の関数形は $v = x^{\frac{\alpha}{2}-1} F(\eta)\left(\dfrac{\mathrm{d}F(\eta)}{\mathrm{d}\eta} = f(\eta)\right.$ である$\Big)$ となり，流れの関数は $\psi = x^{\frac{\alpha}{2}} F(\eta)$ の形に決まる．さらに，$u = \dfrac{\partial \psi}{\partial y}$ と $v = -\dfrac{\partial \psi}{\partial x}$ を式(B)に代入し，x のべき数が等しくなるように α の値を決めると，$\alpha = \dfrac{2}{3}$ となる．その結果，u と v がそれぞれ

$$u = x^{-\frac{1}{3}} F'(\eta) \tag{D}$$

$$v = \frac{2}{3} x^{-\frac{2}{3}} \left[-\frac{1}{2} F(\eta) + \eta F'(\eta)\right] \tag{E}$$

となる．ただし，$\eta = \dfrac{y}{x^{\frac{2}{3}}}$ である．式(D)を x と y で微分して $\left(\dfrac{\partial u}{\partial x}\right)$, $\left(\dfrac{\partial u}{\partial y}\right)$, $\left(\dfrac{\partial^2 u}{\partial y^2}\right)$ を求め，それらを式(B)に代入すると，常微分方程式

$$F'^2 + FF'' = -3\nu F''' \tag{F}$$

が得られる．詳細は省略するが，この式(F)を境界条件（$\eta=0$ で $F=F'=0$，および，$\eta\to\pm\infty$ で $F'(\eta)=F''(\eta)=F^{(3)}(\eta)=\cdots=0$）のもとで解くことができる．式(D)より，$u$ は，

$$u \propto \frac{1}{x^{\frac{1}{3}}} f\left(\frac{y}{x^{\frac{2}{3}}}\right) \tag{G}$$

のような形をとる．つまり，2次元の層流噴流では噴流の中心速度は $x^{-\frac{1}{3}}$ で減少する（中心減衰速度という）．なお，乱流噴流の場合，中心減衰速度は $x^{-\frac{1}{2}}$ となり，層流噴流よりも速やかに減衰する．

11.7

問題の式(A)の厳密解は定数変化法* を用いて容易に求められ，次式のようになる．

$$f(x) = (1-a)\frac{1-\mathrm{e}^{-\frac{x}{\epsilon}}}{1-\mathrm{e}^{-\frac{1}{\epsilon}}} + ax \tag{B}$$

しかしながら，$\epsilon=0$ としたとき，式(A)は1階の微分方程式となるが境界条件は二つあるため，$a=1$ でない限り，解は不定となる．つまり，厳密解(B)は，微分方程式（問題の式(A)）において $\epsilon=0$ のもとで解を求めようとするとき，$x=0$ での境界条件を無視する必要があることを示唆している．

いま，f を $f = \sum_{n=0}^{\infty} \epsilon^n f_n$ のように ϵ について漸近展開し，問題の式(A)に代入し，各 ϵ のべき n ごとに整理すると

$$f_0'(x) = a, \qquad f_{n-1}''(x) + f_n'(x) = 0 \quad (n \geq 1) \tag{C}$$

となる．境界条件は，

$$f_0(0)=0, \quad f_0(1)=1, \quad f_n(0)=0, \quad f_n(1)=0$$
$$(n \geq 1) \tag{D}$$

となる．式(C)に $n=1$ から代入して各項を求めれば，$f_n'(x)=0\,(n\geq 1)$ となり，境界条件式から $f_n(x)=0\,(n\geq 1)$ を得る．従って，上述の

$$f = \sum_{n=0}^{\infty} \epsilon^n f_n \text{は，}$$

$$f(x) = f_0(x) = ax + C_1 \tag{E}$$

となる．ただし，C_1 は未定定数である．後述するが，この解 f は外部解と呼ばれており，厚みが $O(\epsilon)$ の境界層外部では良い近似になっている．

上述のように，式(E)の解 f において，1つの定数 C_1 だけでは題意の境界条件を満たすことはできない．そこで，境界層内部では，次のような内部変数 X を導入し，座標系を引き伸ばす．

---

* 　数学の教科書．例えば寺沢寛一『自然科学者のための数学概論』岩波書店を参照

$$f(x)=F(X), \qquad X=\frac{x}{\epsilon} \qquad \text{(F)}$$

この変換によって，境界層内部で急激に変化するfを適切に表現することができる（この解Fを内部解という）．そのとき，微分方程式（問題の式(A)）は

$$F''(X)+F'(X)=a\epsilon, \qquad F(0)=0 \qquad \text{(G)}$$

となる．ただし，fは$x=0$近傍（境界層内部）で急激に変化するので，境界条件は問題の式(A)の前者のみを用いる．先と同様に，Fを$F=\sum_{n=0}^{\infty}\epsilon^n F_n$のように漸近展開し，式(G)に代入すると，$n=0$に関して，

$$F_0''(X)+F_0'(X)=0 \qquad \text{(H)}$$

となる．この解は，式(G)の境界条件を考慮すると，C_2を定数として，

$$F_0(X)=C_2(1-e^{-x}) \qquad \text{(I)}$$

で与えられる．

いま，境界層の外側で成り立つ外部解をf^oとして式(E)を用いると，境界条件(D)の第2式より，

$$f^o(x)=ax+1-a \qquad \text{(J)}$$

を得る．この外部解f^oと内部解Fが全領域で有効な近似解となるためには，境界層外縁で両者が接続する必要がある（外部解を内部展開したものと内部解を外部展開したものを等しくおく）：

$$\lim_{x\to 0}f^o(x)=\lim_{X\to\infty}F_0(X)\equiv f^c \qquad \text{(K)}$$

その結果，$C_2=1-a$となり，$F_0(X)$は

$$F_0(X)=(1-a)(1-e^{-X}) \qquad \text{(L)}$$

で与えられる．

最後に，内部解F_0と外部解f^oから，全領域で有効な1つの解を構成する必要がある．式(K)から分かるように，f^cはF_0とf^oの共通部分であることに注意して，

$$f=F_0+f^o-f^c=ax+(1-a)\left(1-e^{\frac{-x}{\epsilon}}\right) \qquad \text{(M)}$$

を得る．この解は，厳密解(B)を$\epsilon\to 0$として近似したものを再現していることが確認される．興味のある人は，特異摂動法について調べてみて下さい．

11.8

(1) $\displaystyle \delta_D=\frac{1}{U}\int_0^{\infty}(U-u)\mathrm{d}y=\int_0^{\infty}\left(1-\frac{u}{U}\right)\mathrm{d}y$

$\displaystyle =\int_0^{\delta}\left(1-\frac{y}{\delta}\right)\mathrm{d}y=\left|y-\frac{y^2}{2\delta}\right|_0^{\delta}=\delta-\frac{\delta^2}{2\delta}=\frac{\delta}{2}$

$\displaystyle \delta_M=\frac{1}{U^2}\int_0^{\infty}u(U-u)\mathrm{d}y=\int_0^{\infty}\frac{u}{U}\left(1-\frac{u}{U}\right)\mathrm{d}y$

$\displaystyle =\int_0^{\delta}\frac{y}{\delta}\left(1-\frac{y}{\delta}\right)\mathrm{d}y=\int_0^{\delta}\left(\frac{y}{\delta}-\frac{y^2}{\delta^2}\right)\mathrm{d}y$

$\displaystyle =\frac{\delta}{2}-\frac{\delta}{3}=\frac{1}{6}\delta$

(2) $\displaystyle \delta_D=\int_0^{\delta}\left[1-2\frac{y}{\delta}+2\left(\frac{y}{\delta}\right)^3\right.$

$\displaystyle \left.-\left(\frac{y}{\delta}\right)^4\right]\mathrm{d}y=\left|y-\frac{y^2}{\delta}+\frac{2y^4}{4\delta^2}-\frac{y^5}{5\delta^4}\right|_0^{\delta}$

$\displaystyle =\delta-\delta+\frac{2}{4}\delta-\frac{8}{5}=\frac{1}{2}\delta-\frac{1}{5}\delta=\frac{3}{10}\delta$

$\displaystyle \delta_M=\frac{37}{315}\delta$

11.9

$\displaystyle \delta_D=\int_0^{\infty}\left(1-\frac{\bar{u}}{U}\right)\mathrm{d}y=\int_0^{\delta}\left[1-\left(\frac{y}{\delta}\right)^{\frac{1}{n}}\right]\mathrm{d}y$

ここで変数変換を行う．

$$z=\frac{y}{\delta}, \quad \mathrm{d}z=\frac{\mathrm{d}y}{\delta}$$

$\displaystyle \delta_D=\delta\int_0^1\left(1-z^{\frac{1}{n}}\right)\mathrm{d}z=\delta\left|z-\frac{z^{1+\frac{1}{n}}}{1+\frac{1}{n}}\right|_0^1$

$\displaystyle =\delta\left[1-\frac{n}{n+1}\right]=\frac{\delta}{n+1}$

$\displaystyle n=7\text{のとき}\delta_D=\frac{1}{8}\delta$

$\displaystyle \delta_M=\int_0^{\infty}\frac{\bar{u}}{U}\left[1-\frac{\bar{u}}{U}\right]\mathrm{d}y=\int_0^{\delta}\left(\frac{y}{\delta}\right)^{\frac{1}{n}}\left[1-\left(\frac{y}{\delta}\right)^{\frac{1}{n}}\right]\mathrm{d}y$

$\displaystyle =\delta\int_0^1 z^{\frac{1}{n}}\left[1-z^{\frac{1}{n}}\right]\mathrm{d}z=\delta\int_0^1\left[z^{\frac{1}{n}}-z^{\frac{2}{n}}\right]\mathrm{d}z$

$\displaystyle =\delta\left|\frac{z^{1+\frac{1}{n}}}{1+\frac{1}{n}}-\frac{z^{1+\frac{2}{n}}}{1+\frac{2}{n}}\right|_0^1=\delta\left[\frac{n}{n+1}-\frac{n}{n+2}\right]$

$\displaystyle =\delta\frac{n}{(n+1)(n+2)}$

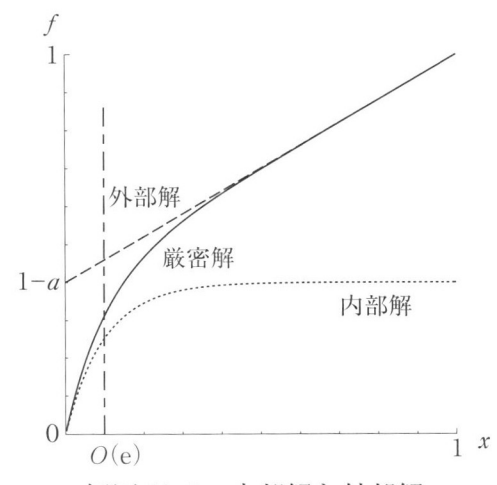

解図 11.2　内部解と外部解

$$n = 7 \text{のとき} \delta_M = \frac{7}{72}\delta$$

12.1

例題 12.2 の解答中のはく離のメカニズムを考える．円柱を振動させた場合，壁近傍の境界層内と外側で流体粒子の混合が生じる．外側の粘性抵抗を受けない粒子が壁近傍に運ばれることで，エネルギーが供給される．その結果，圧力回復をより後方まで達成することができ，はく離点を後方にずらすことができる．以上のことから，抗力が低減されるといえる．

12.2

一様流が球を過ぎるとき，球に働く抵抗係数は解図 12.1 のようになることが知られている．レイノルズ数が小さいときは，流れが球からはく離せず，粘性による摩擦抵抗は圧力抵抗の 2 倍になる．このとき，抵抗係数は $C_D = \dfrac{24}{\mathrm{Re}}$ となることがストークスによって求められている（ストークスの抵抗則，4.2 節説明中式(F)）（解図 12.1 に記載したオゼーン近似解はラム(Lamb)によるものであるが，その後，プラウドマンとピアソン(Proudman & Pearson)は特異摂動法による解析から次式に示されるより高次な近似解を導出している．$C_D \simeq \dfrac{24}{\mathrm{Re}}\left[1 + \dfrac{3}{16}\mathrm{Re} + \dfrac{9}{160}\mathrm{Re}^2 \log\left(\dfrac{\mathrm{Re}}{2}\right) + O(\mathrm{Re}^2)\right]$．レイノルズ数が増加すると，$10^3 \leq \mathrm{Re} \leq 10^5$ では $C_D \simeq 0.4$ でほぼ一定であるが，$\mathrm{Re} \simeq 4 \times 10^5$ 付近（臨界点）において C_D

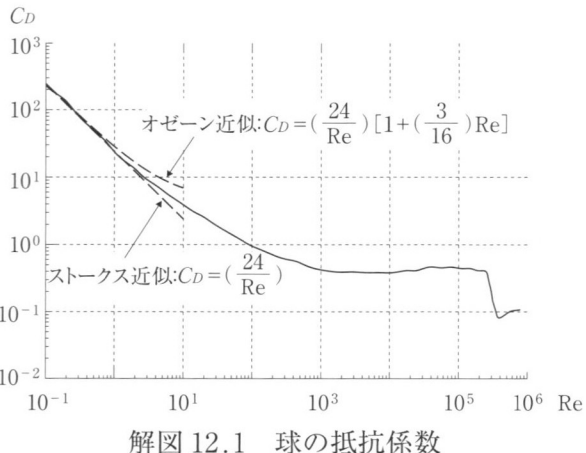

解図 12.1　球の抵抗係数

は急激に低下する．これは，境界層が層流はく離から乱流はく離に変化し，はく離点が球の後方に移動して後流（ウェイク）の幅が小さくなることによる．

12.3

問題 12.1 と同じメカニズムによる．ディンプルによる撹拌作用により，境界層外側のエネルギー損失の小さい流体を壁近傍に取り込むことで，はく離点を遅らせることができる．

12.4

はく離のメカニズムから考察する．壁近傍での流線上においては，前方よどみ点から加速されて最大速度に到達した後，逆圧力勾配が生じる．この圧力勾配は，壁面の曲率が大きいほど大きくなる．これは，曲率が大きいほど流体に作用する遠心力が大きくなり，それに耐えるために大きな圧力が必要になることによる．したがって，最大速度が発生する頂点付近より下流において，壁面の曲率が小さいほどはく離は起きにくい．はく離位置が後方になるほど，圧力が回復するため，物体に作用する抗力は小さくなる．したがって，演図 12.6 の方が流体から受ける力は小さい．

12.5

本問題では，渦は一定の位置 $y = \pm\dfrac{a}{2}$ から流出し，無限後方まで流れるので，単位時間当たりの時間変動を考えるとよい．

(1)の場合，先の周期で流出した渦は，単位時間当たり $U \cdot 1$ だけ後方に移動し，その間に新しい渦が流出する．渦が流出するまでの時間は $\Delta t = \dfrac{b}{U}$ である．流出した i 番目の渦の位置を $(x_i, \pm\dfrac{a}{2})$ とする．ただし，$x_{i+1} - x_i = b$ である．そのとき，Δt 間の変化は流出渦について考えるだけでよいことになるので，揚力 L は問題文中の式から

$$L = \rho\frac{\mathrm{d}}{\mathrm{d}t}\int_D x\omega\,\mathrm{d}S = \frac{\rho}{\Delta t}(-x_0\Gamma + x_0\Gamma) = 0 \quad \text{(A)}$$

となる．一方，抵抗 D は次式のように求められる．

$$D = -\rho\frac{\mathrm{d}}{\mathrm{d}t}\int_D y\omega\,\mathrm{d}S$$

$$= -\frac{\rho}{\Delta t}\left[-\frac{a}{2}\Gamma + \left(-\frac{a}{2}\right)\Gamma\right]$$

$$= \frac{\rho a\Gamma}{\Delta t} = \frac{\rho a U\Gamma}{b} \tag{B}$$

(2)の場合，時間Δtの間に，上下交互に渦が流出する．したがって，揚力Lは

$$L = \pm\frac{\rho(b/2)\Gamma}{\Delta t} = \pm\frac{\rho U\Gamma}{2} \tag{C}$$

となる．上式において，渦が上側から流出するとき符号は負をとり，下側から流出するとき符号は正をとる．式(C)と同様にして，抵抗Dは

$$D = \frac{\rho(a/2)\Gamma}{\Delta t} = \frac{\rho a U\Gamma}{2b} \tag{D}$$

のように求められる．

12. 6

(1) 演図 12.8 のように座標軸をとると運動方程式は

$$m\frac{\mathrm{d}u}{\mathrm{d}t} = -mg$$

$$m = \frac{\pi}{6}D^3\rho_\beta, \quad u = \frac{\mathrm{d}y}{\mathrm{d}t}$$

ここでmは球の質量である．運動方程式の両辺をmで除して整理すると

$$\frac{\mathrm{d}y^2}{\mathrm{d}t^2} = -g$$

これを積分して

$$\frac{\mathrm{d}y}{\mathrm{d}t} = u = -gt + C_1$$

初期条件は$t = 0$で，$u = u_0$であるから

$$C_1 = u_0$$

$$\frac{\mathrm{d}y}{\mathrm{d}t} = u_0 - gt$$

$$y = u_0 t - \frac{1}{2}gt^2 + C_2$$

初期条件は$t = 0$で$y = 0$を用いると

$$C_2 = 0$$

$$y = u_0 t - \frac{1}{2}gt^2$$

距離yが最大になるのは$u = 0$のときでもあり，このときの時間tは

$$t = \frac{u_0}{g}$$

これを代入すると

$$y_{\max} = \frac{u_0^2}{g} - \frac{1}{2}g\left(\frac{u_0}{g}\right)^2 = \frac{u_0^2}{2g} = \frac{20^2}{2\times 9.80} = 20.4\mathrm{m}$$

得られる．この関係式は力学的エネルギー保

存則を用いても容易に求められる．

(2)

$$m\frac{\mathrm{d}^2 y}{\mathrm{d}t^2} = -mg - F_D$$

$$F_D = C_D\frac{\pi}{4}D^2\frac{1}{2}\rho_a u^2$$

流動抵抗F_Dを運動方程式に代入すると

$$\frac{\pi}{6}D^3\rho_B\frac{\mathrm{d}u}{\mathrm{d}t} = -\frac{\pi}{6}D^3\rho_B g - \frac{\pi}{4}D^2\frac{\rho_a u^2}{2}C_D$$

$$\frac{\mathrm{d}u}{\mathrm{d}t} = -g - C_D\times\frac{3\pi D^2\rho_a u^2}{4\pi D^3\rho_B}$$

$$= -g - \frac{3}{4}C_D\frac{\rho_a}{D\rho_B}u^2$$

$$= -g\left[1 - \frac{3}{4}C_D\frac{3\rho_a}{\rho_B}\frac{u^2}{gD}\right]$$

ここで

$$k^2 = \frac{3C_D\rho_a}{4\rho_B gD}$$

とおくと

$$\frac{\mathrm{d}u}{1 - k^2 u^2} = -g\mathrm{d}t$$

$$\frac{1}{2}\left[\frac{1}{1+ku} + \frac{1}{1-ku}\right]\mathrm{d}u = -g\mathrm{d}t$$

$$\frac{1}{2k}[\ln(1+ku) - \ln|1-ku|] = -gt + C_1$$

変形すると，

$$C_1 = \frac{1}{2k}[\ln(1+ku_0) - \ln|1-ku_0|]$$

$$\ln(1+ku_0) - \ln|1-ku_0| - \ln(1+ku)$$
$$+\ln|1-ku| = 2kgt$$

$$\ln\left|\frac{(1+ku_0)(1-ku)}{(1-ku_0)(1+ku)}\right| = 2kgt$$

$$\frac{(1-ku)(1+ku_0)}{(1-ku_0)(1+ku)} = \mathrm{e}^{2kgt}$$

$$\frac{1-ku}{1+ku} = \frac{1-ku_0}{1+ku_0} = \mathrm{e}^{2kgt}$$

詳細は略すが，この式をさらに変形すればuに対する式が求まる．

12. 7

$$F_D = C_D A\frac{1}{2}\rho_a U_\infty^2 = C_D DL\frac{1}{2}\rho_a U_\infty^2$$

$$= 1.2\times 0.050\times 2.0\times\frac{1}{2}\times 1.23\times(12.0)^2 = 10.6\mathrm{N}$$

$$C_D DL\frac{1}{2}\rho_a U_\infty^2 = \frac{10.6}{2}$$

$$U_\infty = 0.707\times 12 = 8.48\mathrm{m/s}$$

12. 8

$1 < \mathrm{Re}_{t\infty} < 10^4$と仮定する．

$$A_1 = 4.8\sqrt{\mu_L/(\rho_L d_p)} = 4.8\sqrt{(\nu_L/d_p)}$$
$$= 4.8\sqrt{0.821 \times 10^{-6}/0.010}$$
$$= 0.0435$$
$$A_2 = 2.54\sqrt{(1200-998) \times 9.8 \times 0.010 \times 1/998)}$$
$$= 0.358$$
$$V_{t\infty} = \left(\frac{\sqrt{(0.0435)^2 + 0.358} - 0.0435}{1.1} \right)^2$$
$$= 0.256 \text{ m/s}$$
$$\mathrm{Re}_{t\infty} = \frac{0.256 \times 0.01}{0.821 \times 10^{-6}} = 3118 \text{ より仮定を満}$$

足する.

12.9

　演図 12.9 のように A，B，C，D の角があると，そこで流れがはく離し，渦ができる．これらの渦は流動抵抗を大きく増加させることになる．角を削り取ると，はく離が抑制されて流動抵抗は小さくなる．

114

■著者紹介

植田 芳昭（うえだ　よしあき）
大阪府立大学大学院　工学研究科　博士後期課程　機械工学専攻　修了
摂南大学　理工学部　機械工学科　准教授

加藤 健司（かとう　けんじ）
名古屋大学大学院　工学研究科　後期博士課程　機械工学専攻　修了
大阪市立大学大学院　工学研究科　機械物理系専攻　教授

中嶋 智也（なかじま　ともや）
大阪府立大学大学院　工学研究科　博士前期課程　機械工学専攻　修了
大阪府立大学学術研究院　第２学群（機械系）　専任講師

脇本 辰郎（わきもと　たつろう）
大阪市立大学大学院　工学研究科　前期博士課程　機械工学専攻　修了
大阪市立大学大学院　工学研究科　機械物理系専攻　准教授

荒賀 浩一（あらが　こういち）
大阪市立大学大学院　工学研究科　後期博士課程　機械工学専攻　修了
近畿大学工業高等専門学校　総合システム工学科　機械システムコース　教授

井口 學（いぐち　まなぶ）
大阪大学大学院　工学研究科　修士課程　機械工学専攻　修了
北海道大学名誉教授
大阪市立大学大学院　工学研究科　機械物理系専攻　客員教授

© Yoshiaki Ueda, Kenji Kato, Tomoya Nakajima,
Tatsuro Wakimoto, Koichi Araga, Manabu Iguchi　2019

ドリルと演習シリーズ　流体力学

2019 年 12 月 20 日　第 1 版第 1 刷発行

著　者　植田 芳昭　加藤 健司　中嶋 智也　脇本 辰郎　荒賀 浩一　井口 學

発行者　田　中　久　喜

発　行　所
株式会社　電 気 書 院
ホームページ　www.denkishoin.co.jp
（振替口座　00190-5-18837）
〒 101-0051　東京都千代田区神田神保町 1-3 ミヤタビル 2F
電話　（03）5259-9160 ／ F A X　（03）5259-9162

印刷　亜細亜印刷株式会社
Printed in Japan ／ ISBN 978-4-485-30239-2

・落丁・乱丁の際は，送料弊社負担にてお取り替えいたします．
・正誤のお問合せにつきましては，書名・印刷を明記の上，編集部宛に郵送・
　FAX（03-5259-9162）いただくか，当社ホームページの「お問い合わせ」をご利
　用ください．電話での質問はお受けできません．